生産性革命のための
プロジェクト型
品質マネジメント手法
PQM

お客様ファーストの新製品開発から
商品化までのプロセス変革

宗像 令夫 [編著]
リコーテクノロジーズ㈱ PQM推進チーム [著]

日科技連

序　　文

　リコーテクノロジーズ株式会社は2012年にリコーの画像機器事業のモノクロ機器、周辺機器などの製品開発を行う設計会社として設立され、

　　自主創造の企業風土のもと　先進の技術と革新的な開発プロセスにより、
　　お客様へ価値提供をし続ける技術集団をめざします

をビジョンに掲げ、長期的には株式会社リコーの画像機器事業のすべての製品開発を安心して任せられる会社になるべく、新製品開発とプロセス改善に日々取り組んでおります。

　経営理念の「私たちのめざす姿」において「信頼と魅力のブランド」を掲げるリコーグループの中で、当社が受け持つ製品開発分野には、魅力ある商品をプロジェクトを通じて計画どおり市場提供すること、いつまでも安心・満足を提供できる高い品質を実現し、お客様の信頼を獲得し続けること、が求められています。

　当社第二設計本部は、一般財団法人日本科学技術連盟を通じ、「PQM（プロジェクト型品質マネジメント）による設計生産性の向上」のテーマで、2017年11月に日本品質奨励賞・品質革新賞を受賞することができました。本書は、プロジェクト管理と品質管理を融合させる新しいマネジメント手法（PQM）として、当社において実践してきた新たな取組みを解説するものです。

　多品種少量生産が進む中、当社同様多くのプロジェクトのQCD達成に取り組んでいる多方面の方々にご一読願えれば幸いです。

リコーテクノロジーズ株式会社
代表取締役社長執行役員
遠藤　秀信

はじめに

　筆者らが所属したリコーテクノロジーズ㈱(以下、当社とする)は、オフィス関連の画像機器(以下、MFPという)の製造販売を主力事業とする㈱リコー初の開発設計専門会社として、㈱リコーの一部部門と生産関連会社3社の設計部門を統合して2013年4月に新設された会社である。リコーテクノロジーズ㈱第二設計本部は、その中でも㈱リコーのすべてのカテゴリーの画像機器に対する周辺装置[1]の設計開発の受託を主たる業務とする部門である(図1)。

　当社設立後、組織設計と業務プロセスの確立を急ぐ中、早々に次の問題に直面することとなった。

① 同時期に行った2つの本体主力プラットフォーム商品群に関する市場品質問題の多発
② 商品開発の短サイクル化による開発商品数の増大
③ MFP商品の成熟化による売上の頭打ち

すなわち、

- **多数の商品を安定した品質で供給でき、魅力ある商品を定常的に市場提供し続けることができる組織へ、早急に革新する必要がある**

という課題に直面することとなった。

　一方、新たな組織設計を行うために、リコーグループ生産関連会社における設計関連部署の寄せ集め状態であった当社内の各組織の精査を行ったところ、以下の問題が浮かび上がってきた。

① 会社ごとに組織の見直しが頻繁に行われた結果、プロセスが一貫性を失い、ばらばらになっている
② 中途採用や人材派遣採用による人の出入りが多く、技術の伝承が不十分のまま業務が行われている

---

1) ソート、フィニッシング、紙折りなどを行う後処理機、ドキュメントフィードを行う前処理装置、外付け給紙装置などからなる。

はじめに

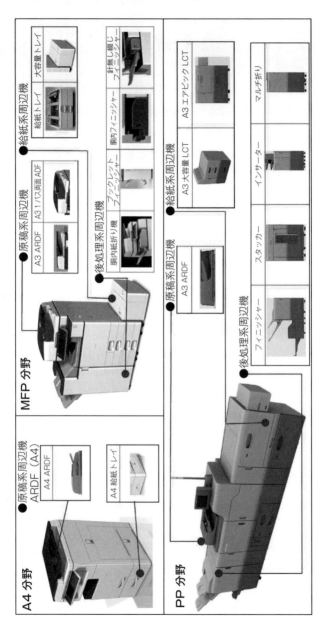

図1 リコーテクノロジーズ㈱が設計開発する画像機器の周辺装置(一部)

③ 「働き方改革」が叫ばれる中、残業抑制や時短勤務への対応など、生産性の向上がさらに求められている

すなわち、

・新しい働き方に対応しつつ、組織の生産性を高める必要がある

という課題にも直面することとなった。

さらには、これら一連の改革を「市場品質問題の火消し」を行いながら実施するという二重、三重の対応を早急に行う必要性を突きつけられることになった。

早急な改革を行うに当たって、すべての事柄を一新することはできない。今日われわれの回りには、先人達によるモノづくりに関する多くの優れた理論、手法や道具が存在している。そして、リコーグループにおいても多くのプロセス改革、生産性改善のしくみを採用し、活用してきた。そのような品質管理の世界の、そしてリコーグループの良質な資産をもちながらも、なぜ市場品質問題を多発させてしまったのか。

多くの関係者へのインタビューや問題発生原因の分析を行った結果、市場品質問題が多発した原因は、組織の分断・再構築が繰り返される中、組織のリーダーたちが「一貫した流れとして商品企画から商品化までのプロセスを理解できていないこと」、そしてそのような中で「適切な手法を使いこなせていないこと」であることがわかった。

そこで、商品企画から商品化までのプロジェクトを一貫した流れと捉え、「プロジェクト開発の良い流れをつくる」ことを中心においた、シンプルな開発プロセスを3年間で構築する目標を立てた。すなわち、シンプルな目標を指標化して常に「見える化」し、組織全員が目標と手順を理解し、推進するしくみの構築をめざした。

その結果、PQM（Project Quality Management）と名づけた本手法を構築、実行することにより、目標とする生産性向上と品質確保を図ることができただけでなく、他社にない魅力を備えた商品を毎年商品化できるようになった。

2014年から2016年の3年間における主な成果は、次のとおりである。

はじめに

【業績指標】(2014 年を基準として)
- 売上向上：107％(2015 年)、105％(2016 年)
- 生産性向上：128％(2015 年)、135％(2016 年)
- 品質向上：155％(2015 年)、211％(2016 年)

【商品魅力度、外部評価】
- 「針なし綴じフィニッシャーの開発」：本体と共に 2015 年度省エネ大賞受賞
- 「業界最高性能の超高速エア給紙装置の開発」：エアピック式 A3LCT RT5100
- 「世界初超小型紙折り後処理機の開発」：世界中のリコーグループ内での最高技術を称える「2016 年度リコーアワード」受賞

本書はこれらの当社第二設計本部における実践事例をベースに、
- 組織の生産性を高めながら、魅力のある多くの商品を安定した品質で市場提供し続けるため、適切な手法を柔軟に組み込んでプロジェクト開発の良い流れをつくる

という組織目標を達成するための開発プロセス再構築の手順を解説するものである。

本書は全8章で構成されており、その概要は以下のとおりである。
　第1章では、今日組織および組織リーダーを取巻く環境変化を考察し、モノづくり企業の組織リーダーに求められる"開発プロセス改革"の必要性について解説をしている。
　第2章では、開発プロセス改革の実践のための新しいマネジメント手法であるPQM(Project Quality Management)とは何かについて概説している。
　第3章では、4つのフェーズからなるPQMの概要を解説している。
　第4章では、PQMのフェーズ1で実施すべきフレームワークの構築の実施手順を解説している。

はじめに

　第5章では、PQMのフェーズ2～4における実施手順を解説するとともに、実施に当たり用いるべき有効な手法について解説している。

　第6章では、第5章で解説した手順を用いた、当社の実践事例を紹介している。

　第7章では、PQM導入の効果とその検証方法について、当社の事例を用いて解説している。

　第8章では、PQMの実践において実施した、組織開発と人材育成について解説している。

　全体像と手順の流れを早く知るには、第3章、第4章、第5章から先に読むことをお勧めする。また各節やくくりの最後にそのポイントを囲みで記載している。時間がない場合でも、このポイントを拾って読んでいけば、内容が理解できる構成としている。

　本書刊行に先立ち、リコーテクノロジーズ㈱第二設計本部は、テーマ名「PQM（プロジェクト型品質マネジメント）による設計生産性の向上」にて、2017年度日本品質奨励賞・品質革新賞[2]を受賞した。

　これは、本書で提唱する"開発・設計業務における生産性向上"という大きな経営課題を解決するために取り組んだ「プロジェクト型品質マネジメントシステム（PQM）」の構築・運用の有効性と再現性、TQMの発展に寄与する革新性が受賞に値するものと評価されたためである。

謝　辞

　本書は、2013年から当社第二設計本部において実施している、長田洋東京工業大学名誉教授・文教大学教授による「MOT指導会」の内容を整理・理論化したものです。

　MOT指導会の実施内容：

---

[2]　日本科学技術連盟 HP　http://www.juse.or.jp/

はじめに

時期：毎期2回
場所：当社各拠点で持ち回り
内容：

- ビジョン・方針の策定と方針展開
- PQM の実施手順の策定
- PQM 実施に当たっての課題登録と対応
- リーダー育成テーマの設定と実践

　以上の実践指導と理論構築に当たって、多くのご指導をいただいた長田名誉教授に深く感謝を致します。

　合わせて、トップとして活動全般への理解と後押しをいただいた、遠藤秀信リコーテクノロジーズ株式会社代表取締役社長執行役員、斉藤穣同社前代表取締役社長執行役員、出版に当たりさまざまなアドバイスをいただいた、古島正株式会社リコー執行役員研究開発副本部長、理論を実践し成果につなげたリコーテクノロジーズ株式会社第二設計本部のメンバー、生産準備活動における理論化と実践に多大な協力をいただいたリコーエレメックス株式会社情報機器事業本部生産センターのメンバーの皆様に感謝を致します。

2018 年 2 月吉日

著者を代表して

宗像　令夫

目　　次

序　文　　遠藤　秀信　iii
はじめに　v

第1章　開発プロセス再構築の必要性 …………………………… 1
1.1　組織リーダーを取り巻く環境の変化　2
1.2　組織リーダーが直面する相反課題　3
1.3　求められる開発プロセス再構築　6

第2章　PQMとは何か ……………………………………………… 9
2.1　「お客様ファーストの商品開発」に向けて　10
2.2　プロジェクト型商品開発の優位性　11
2.3　プロジェクトの良い流れ　12
2.4　当社における周辺装置開発に求められるもの　14
2.5　PQMとは　16

第3章　PQMの概要 ………………………………………………… 19
3.1　PQMの全体像　20
　フェーズ1：フレームワークの構築　20
　フェーズ2：企画ステップ　22
　フェーズ3：開発ステップ　22
　フェーズ4：設計ステップ　22

第4章　PQMのフェーズ1：
　　　　　フレームワークの構築の実施手順 ……………………… 25
　フェーズ1：フレームワークの構築　26

目　次

　　手順1　組織体制の設定　26
　　手順2　組織目標の設定　29
　　手順3　日程のステップへの分割と目標設定　31
　　手順4　ステップ目標を達成するためのプロセスの構築　34
　　手順5　ステップゲートの設定　35

第5章　PQMのフェーズ2〜4：各ステップの実施手順 …………………… 37

　フェーズ2：企画ステップ　38
　　手順1　ローリング活動の実施　38
　　　　　商品戦略／技術戦略／Pf/Md戦略
　　手順2　企画調査活動の実施　40
　　　　　商品企画七つ道具(P7)
　　手順3　ターゲットの絞り込み　41
　　　　　ペルソナ
　　手順4　企画ステップゲートへの落とし込み　43

　フェーズ3：開発ステップ　44
　　手順1　機能仕様の具体的な機構への落とし込み　45
　　　　　TRIZ／ファシリテーション・ブレーンストーミング
　　手順2　システム成立性の見極め　48
　　　　　機能系統図／品質機能展開(QFD)
　　手順3　重要技術課題の抽出　51
　　　　　仕様横並べ表／機能横並べ表／FMEA
　　手順4　重要技術課題の検証　55
　　　　　作らずに創る実現の5軸
　　手順5　重要技術の解明(ロバスト性の確保)　58
　　　　　品質機能完成度表／品質工学

手順6　開発ステップゲートへの落とし込み　61

　　フェーズ4：設計ステップ　62
　　　手順1　日程進捗計画の管理　64
　　　　　　タスク計画表
　　　手順2　出来高の管理　70
　　　　　　出来高管理（EVM）／バーンアップチャート
　　　手順3　アラートの管理　74
　　　　　　ポートフォリオ分析／相対達成度
　　　手順4　設計ステップゲートへの落とし込み　76

第6章　PQMの実践事例　79
　6.1　事例商品の紹介　80
　6.2　PQMによる「企画ステップ」の実践事例　81
　6.3　PQMによる「開発ステップ」の実践事例　89
　6.4　PQMによる「設計ステップ」の実践事例　109

第7章　PQM導入による効果とその検証　129
　7.1　PQM導入でねらう効果の概要　130
　7.2　PQM導入におけるKPI・KGIの設定　132
　7.3　リコーテクノロジーズにおけるPQM導入前の状況　138
　7.4　リコーテクノロジーズにおけるPQM導入の効果とその検証　140
　7.5　改善効果のまとめ　147

第8章　PQMによる組織開発と人材育成　149
　8.1　PQMによる組織開発　150
　8.2　PQMによる人材育成　157

目　次

付　録　161
おわりに　165
引用・参考文献　167
索　引　169

第1章
開発プロセス再構築の必要性

　本章では、今日の組織および組織リーダーを取り巻く外部環境・内部環境の変化について考察し、その中でモノづくり企業の組織リーダーに求められる、相反する課題の解決に向けた、開発プロセス改革の必要性について解説する。

第 1 章　開発プロセス再構築の必要性

1.1　組織リーダーを取り巻く環境の変化

1.1.1　外部環境の変化

　バブル経済が弾け、「失われた 20 年」と呼ばれる日本経済の低迷が続いている。2014 年以降、政府・日本銀行が主導する低金利(ゼロ金利)政策により各種経済指標は上向き傾向にあるが、「デフレからの脱却」には至っていない状況にある。企業を取り巻く環境は厳しさを増しており、顧客へ魅力ある製品やサービスを提供できない、つまり株主から預かった資金を利益に変える速度の遅い企業はすぐに存続レベルでの危機に直面することになる。

　一方、近年「働き方改革」の必要性が叫ばれており、同一労働同一賃金として、従来と異なる就業形態を受け入れたうえで成果につなげることが求められている。具体的には、従来型の日本型企業における労働環境のように、「定期採用した従業員を一箇所に集めて長期雇用し、残業を前提として仕事を行う」といった業務プロセスはもはや成立しなくなっている。

　企業においては、中途採用者の即戦力化や、流動性の高い非正規社員からも有効に成果を引き出していくしくみの構築が必要である。そして組織リーダーには、ダイバーシティーを取り入れ、地域のコミュニティーとのつながりを失うことのないような勤務形態を確保するなど、さまざまな組織設計やキャリア路線に対応できるマネジメントが求められている。

> **ポイント**
> - 組織リーダーを取り巻く外部環境は大きく変わりつつある。
> - 外的変化は提供製品・サービスへの要求レベル、働き方の変化への対応である。

1.1.2　内部環境の変化

　一方、組織リーダー自身の内面に目を向けると、さまざまな経歴を経てリーダーとなった要因の多くは仕事の本務の成果によるものであり、その間にマネジメント教育を十分受けていないケースが多い。

　また、マネジメントスタイルも従来から変化しており、「プレーイングマネージャー型」として、自身の業務をこなしたうえでのマネジメントが求められるケース、あるいは「フラット組織型」として管理スパン(管理対象人員数、業務領域)が拡大するケース、などの状況の変化が見られている。さらに、マネジメント業務に関しても「目標管理制度(MBO)」が導入され、期初に部下との面談・目標整合を行い、期末にはその成果・プロセスについてのフィードバックを行うなど、組織リーダーのマネジメント業務量は増大する一方である。

　このような状況の中で、能力が高く"できる"組織リーダーほど、さまざまな新しい施策を検討し組織に展開しようとする傾向がある。しかしながら、上記のように忙しさが常態化する中で上位方針を咀嚼し、自らの施策を整合的に展開することは容易ではない。場合によっては、"あれも、これも"と総花的になり、部下の反発や組織の混乱が発生することで、組織リーダーのストレスがさらに高まり、心因的な不調を訴えるに至るケースも見られる。

> **ポイント**
> ・組織リーダーのマネジメント業務の質・量は増大する一方にある。

1.2　組織リーダーが直面する相反課題

　このような状況の中で組織リーダーには、多くの相反する課題の達成が要求されている。

第1章　開発プロセス再構築の必要性

1.2.1　短期・長期に対して成果を出すこと

　会社の運営の中で第一に要求されることは短期的な業績への貢献である。創業直後のベンチャー企業は別として、成長期を超えた社歴のある企業であれば、損益計算書（P/L）上に現れる毎年（各四半期）の業績を確保し、株主からの信任を得ることは必須要件である。そのためには、魅力的な製品・サービスを市場へ投入し、売上向上へとつなげることが必要である。

　一方、これらの成果は一時的なものであってはならず、長期的に継続するものでなくてはならない。ゴーイングコンサーンとして企業が存続し続けるためには、5年後、10年後にも今以上の成果を出し続けるための基盤となる経営資源を創出しなくてはならない。一般的にこれらの長期的な成果につながる資源は目に見えるものではなく、目に見え難い「ノウハウ」であったり、「ネットワーク」であったり、「組織のクセ」であったりする場合が多い。組織リーダーは、これらの「その人が退職すると消滅してしまうような強み」、すなわち「人的資産」[1]を、その人が退職しても組織に残る「構造（組織）資産」へ転換して行かなくてはならない。これが仕事の「しくみ化」であり、「プロセス化」と呼ばれるものである。

1）　ナレッジ型経済の準備を目的として、欧州の6カ国（スカンジナビア3カ国、デンマーク、フランス、スペイン）と9つの研究機関が1998年～2001年にわたって実施したMERITUMプロジェクトでは、知的資産を「人的資産」、「構造資産」、「関係資産」の3つに分類している。「人的資産」とは「従業員が退職時に一緒に持ち出してしまう資産」であり、例として「イノベーション能力、想像力、ノウハウ、経験、柔軟性、学習能力、モチベーション」などがある。「構造資産」とは「従業員の退職時に企業内に残留する資産」であり、例として「組織の柔軟性、データベース、文化、システム、手続き、文書サービス」などがある。「関係資産」とは「企業の対外的な関係に付随した資産」であり、例として「イメージ、顧客ロイヤリティ、顧客満足度、供給業者との関係、金融機関への交渉力、対外的コネクション」などがある。

> **ポイント**
> - 組織リーダーには相反する課題の両立が求められている。
> - 短期業績拡大と長期維持のために、人的資産を構造資産化していく必要がある。

1.2.2　魅力ある商品を創出し確実な品質を確保すること

　魅力のある商品・サービスとは、潜在的もしくは顕在化した顧客のニーズに応えることで、顧客満足度が高く、競争優位性が高い商品・サービスのことである。

　一方、商品開発において必ず生じるジレンマの一つは、商品の魅力を上げるためにさまざまな新規技術を投入しようとすると、技術の解明に多くのマンパワーと時間が必要となることである。技術の解明度が低いまま新しい機能を具現化しようとすると、商品化に対するリスクが高まり、納期遅れや品質低下などのトラブルを発生させることになる。最悪の場合には市場問題の発生によるリコールの発生に至り、大きな市場コストの発生のみならず「企業ブランドの毀損」という莫大な代償を払うことになる。

> **ポイント**
> - 組織リーダーには、魅力ある商品を創出と確実な品質の確保が求められている。

1.2.3　組織の成長とメンバーへの動機づけ

　前述したように、長期的に成果を出し続けるためには、人と組織の強化が必要である。

　しかしながら、さまざまな「しくみ」を構築し、「プロセス」として整備し

ていくほど、仕事がルーチンワーク化し、メンバーの動機づけが弱まってくることが知られている。このことは、当社においても前身の各リコーグループ生産関連会社においても、さまざまな既存のプロセスをもちながらも、大きな品質問題を発生させてしまった要因の一つと考えられる。

したがって、長期的な成果を出し続けるための人や組織の強化につながるしくみづくりには、「このルールを守りなさい」という強制力だけではなく、「こうしてみたい」、「自らが決めたことだからやり切りたい」という内発的動機づけ[2]が組み込まれている必要がある。

> **ポイント**
> ・組織リーダーには、プロセスの確立と持続的モチベーション維持への対応が求められている。

1.3 求められる開発プロセス再構築

これまで述べたような状況の中で、確実な品質を確保しつつ魅力ある商品を創出し続けるためには、
- 卓越した事業成果を確実に創出する
- それらを繰り返し・効率的に提供することを可能にする
- さらに高度に展開できるよう人的・組織資源を強化する

ことが必要であり、そのためには開発プロセスの再構築を行う必要がある。しかしながら、この開発プロセスの再構築は、新しいしくみや体制をゼロベースで構築することを意味するものでない。先人が築き上げたさまざまなプロセス

---

2) デシ（Deci E. L.）は、内発的動機づけの本質として「有能さ」と「自己決定」を挙げた。さらに、自己決定感、さらに自律性の重要性を強調している。それは、自己決定感がなければ、自己有能感があっても内発的動機づけは高まらないことを意味している。

1.3 求められる開発プロセス再構築

改革や生産性改善の手法、理論を有効に取り入れつつ、前述した環境変化に対応させ、自らの組織に適した形にモデファイ・適用したうえで、新たなプロセスを構築することが必要である。

　従来、組織改革やプロセス改革の手法や理論を提案・解説する文献は多数出版されている。しかしながら上記の目標達成につなげる一連のプロジェクトの流れを体系的に記載・解説したものは少ない。現場のリーダーが従来の延長線上にない飛躍的な成果、すなわち「課題達成型の変革」を行うには、個別の手法や理論に基づく単発的な要所の「改善」では対応できない。組織設計、運用、および仕事のプロセスを企画から商品化までの流れに沿って一気通貫で見直し、合わせて部下のマインドや意欲を抜本的に変化せることが必要である。

> **ポイント**
> - 飛躍的な成果を持続的に提供できる開発プロセス改革が求められている。
> - 仕事やプロジェクトの流れを一気通貫で見直す必要がある。

第2章

PQMとは何か

　本章では、膨大な数の周辺機を短期間に並行開発し、市場投入することが求められる中で、優れた体験価値を提供し続けるために、リコーテクノロジーズ㈱第二設計本部において開発プロセス改革として新たに創出した、プロジェクト型品質マネジメント手法 PQM：Project Management とは何かについて解説する。

第2章　PQMとは何か

2.1　「お客様ファーストの商品開発」に向けて

　日本のモノづくり製造業の地盤沈下が叫ばれている。例えば、日本経済を引っ張ってきた家電業界はすでに国内メーカーの多くが撤退や海外企業への事業売却を行っており、近年大手総合電機メーカーが業績不振から台湾のEMS企業の傘下に入る事例や、世界的な競合力を有する半導体事業の売却に至る事例も見られている。

　その一方で、1台3万円近くのトースターや4万円強の炊飯器[1]、5万円の掃除機[2]が売上を伸ばしているという事実もある。これらの商品は、昔からある定番家電商品であり、現在においては成熟して価格競争以外に差別化が難しいと考えられてきたものでありながら、「蒸気を加えて焼き上げることによる、表面はカリカリ、内部はもちもちの食感」、「きめ細かい温度制御によるかまど炊きの味」、「圧倒的な風量によるゴミ取り量の実感」、といったお客様が実感できる、優れた「体験」を提供している。

　これは、従来型のモノづくりやサービスの提供がお客様から評価されなくなっていることを示す一方で、成熟産業においてもお客様の真のニーズを捉えることで価格競争を逃れ、十分な成長余地があることを示している。このように、お客様に新たな体験価値を提供する商品は、「お客様ファーストの商品」と呼ぶことができる。

　すなわち、今日企業においては、優れた体験価値を提供するお客様ファーストの商品を重層的かつタイムリーに企画し市場に確実に提供できる「一連の流れとしてのプロセス」と、それを有効に活用できる「組織能力」が必要とされているといえる。

---

[1]　バルミューダ㈱　「The Toaster」、「The Gohan」　https://www.balmuda.com/jp/gohan/
[2]　㈱ダイソン　「コードレスクリーナ」、https://www.dyson.co.jp/dyson-vacuums.aspx

2.2 プロジェクト型商品開発の優位性

> **ポイント**
> - 今日、「優れた体験価値」を提供できる「一連の流れとしてのプロセス」と、それを有効に活用できる「組織能力」が必要とされている。

2.2 プロジェクト型商品開発の優位性

従来の延長にない画期的な商品を市場投入しようとする場合、通常の組織形態を離れた「プロジェクト」として実施されるケースが多い。PIMBOK[3]によると、プロジェクトとは、「独自のプロダクト、サービス、所産を創造するために実施する有期性のある業務である」と定義されている。

その特徴は、

① 有期性：プロジェクトには「開始」と「終了」がある
② 資源の有限性：人的資源、物的資源、コストなどの制約がある
③ アウトプットの独自性：独自の製品やサービスを生み出すことができる

とされている。

具体的には、Q(品質)、C(コスト)、D(納期)についての目標を明確に定めた商品・サービスを確実に市場提供するために、必要な人材を組織横断で集め、実行する組織形態である。

プロジェクト型の商品開発が用いられる理由は、明確な目標設定のもとに適切な人材が集まり権限委譲がなされることにより、通常にないパワーが発揮され、画期的な商品が生まれるケースが多いためであるといわれている。

---

3) PIMBOK(Project Management Body of Knowledge)：プロジェクトマネジメントに関するノウハウや手法の体系であるPIMBOKガイド(プロジェクトマネジメント協会)の略。

第2章　PQMとは何か

> **ポイント**
> ・画期的な商品開発のためにはプロジェクト型の商品開発が用いられる。

2.3　プロジェクトの良い流れ

　プロジェクトは、図2.1のように、企画、開発、設計、量産のステップをつながる川の流れで捉えることができる。各ステップはゲートと呼ばれるダムでせき止められ、次のステップからの逆流が生じることを防いでいる。

　プロジェクトは、サプライチェーンの上流から下流に沿った川の流れの中で、「逆流」や「よどみ」が発生することなくスムーズに流れ、お客様に顧客満足度の高い競争優位な商品を送り届け、企業業績の向上をもたらすものでなくてはならない。これをプロジェクトの「良い流れ」と呼ぶ(図2.1)。

　流れを阻害する一番の要因は逆流、すなわちプロジェクトの中での「手戻り」である。プロジェクトの参加者は、全員が常に全体の流れを意識し、手戻りが発生しないようしくみの運用に力を合わせて取り組む必要がある。そしてよどみとは、プロジェクトに関する滞留を表している。プロジェクトの実行管理を行う各リーダーは、常にメンバーの進捗や他部門との調整に目を配り、プロジェクトの滞留に対してはすぐにアラートを発信し、必要なアクションを取らなければならない。

　また、各ステップをつなぐ一貫した流れの中核は「機能」である。企画などの上流段階において、機能はまず「お客様の声」としてインプットされる。これを商品として実現してお客様に確実に届け、さらにお客様のもとで安心して使ってもらうには「品質」と結びつける必要がある。下流へとつながっていくプロジェクトの流れの中で、逆流すなわち手戻りなく進められていくうえで、機能に着目した設計品質のつくりこみが行われなくてはならない。

　以上のように、上流から下流に向けての良いプロジェクトの流れをつくり出

2.3 プロジェクトの良い流れ

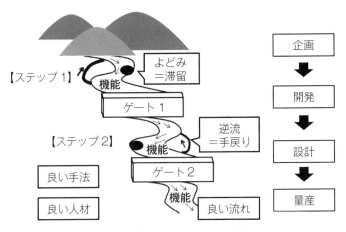

図 2.1 プロジェクトの良い流れ

すには、「機能」に着目していく必要がある。具体的には、採用するさまざまな手法における中心因子として機能の良さ、機能の機構・動作への変換、そして品質のつくり込みと完成度評価を行っていくことになる。

全体の流れを左右するもう一つの中心的な要因は、「人材」である。一般に、「プロジェクトの成功を左右するポイントは優れた人材を連れてくることにある」といわれるが、日本の組織風土においては人材の流動性は低く、「育成」が中心課題となる。PQMのもう一つのねらいは、プロジェクトを通じて人が育つしくみとなることである。

> **ポイント**
> - プロジェクトの「良い流れ」をつくることが重要である。
> - プロジェクトの上流から下流までの流れの中核として「機能」を捉える必要がある。
> - PQMは人材育成に資するものである。

第 2 章　PQM とは何か

2.4　当社における周辺装置開発に求められるもの

　リコーテクノロジーズ㈱は、図 2.2 に示すように国内の生産関連会社 3 社の設計部門と㈱リコーの一部の設計部門が合併し、2013 年 4 月に創業したリコーグループ唯一のファブレスの開発・設計専門子会社である。主たる事業の一つとして、リコーテクノロジーズ㈱第二設計本部において、㈱リコーからの委託を受け、同社の全画像関連機器の周辺装置の開発・商品化を行っている。

　周辺装置開発の特徴は、画像機器本体 1 機種当たり 5～10 機種の周辺機が同時に開発されることであり、画像機器本体の開発の短サイクル化に伴い 1 年間に 100 機種余りに及ぶ膨大な数の周辺装置を短期間で開発し市場提供することが必要とされていることである。図 2.3 に、本体プロジェクトの開発と周辺装置プロジェクトの関係、固有の周辺装置プロジェクトにて開発される「個別プ

■生産・設計機能の再編（2012 年）
 1. 生産機能の再編（リコーインダストリー）
    東北リコー・リコープリンティングシステムズ・リコーユニテクノの生産機能およびリコーの生産機能の一部を新会社に統合
 2. 設計機能の再編（リコーテクノロジーズ）
    東北リコー・リコーユニテクノ・リコーエレメックスの設計機能およびリコーの設計機能の一部を、新会社に統合

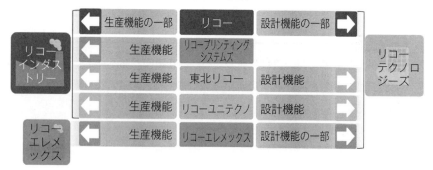

図 2.2　リコーテクノロジーズ㈱の前身会社

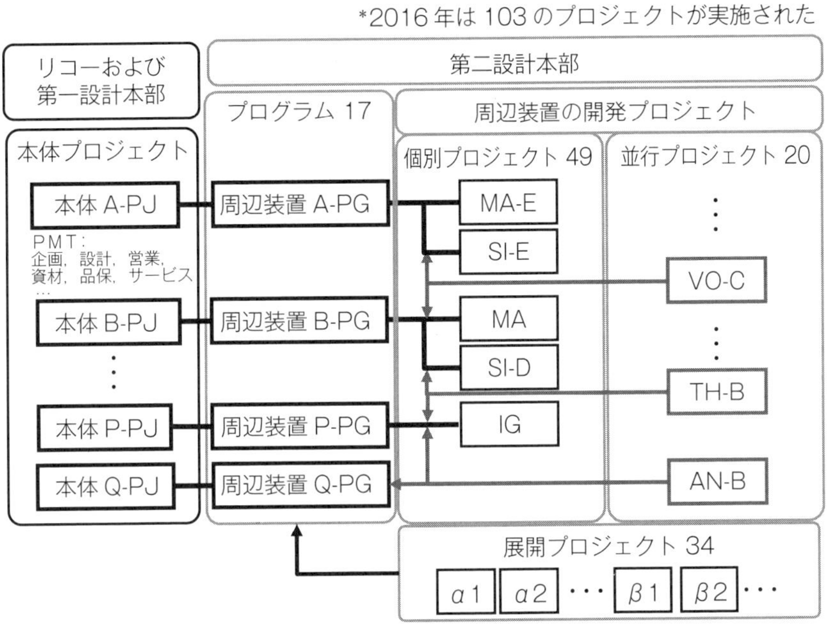

2.4 当社における周辺装置開発に求められるもの

*2016年は103のプロジェクトが実施された

```
┌─────────────┬─────────────────────────────────────────────┐
│ リコーおよび │            第二設計本部                      │
│ 第一設計本部 ├──────────┬──────────────────────────────────┤
│             │ プログラム17 │    周辺装置の開発プロジェクト   │
│ 本体プロジェクト │         │ 個別プロジェクト49 │ 並行プロジェクト20 │
└─────────────┴──────────┴──────────────────────────────────┘
```

- 本体A-PJ ─ 周辺装置A-PG ─┬─ MA-E
  - PMT: 企画, 設計, 営業, 資材, 品保, サービス │ └─ SI-E ─── VO-C
- 本体B-PJ ─ 周辺装置B-PG ─┬─ MA
  │   └─ SI-D ─── TH-B
- 本体P-PJ ─ 周辺装置P-PG ─── IG
- 本体Q-PJ ─ 周辺装置Q-PG ──────────── AN-B

展開プロジェクト34: α1, α2, … β1, β2, …

図2.3 大量の開発商品数

ロジェクト」と複数の周辺装置プロジェクトに向けて共通機種として並行開発される「並行プロジェクト」の関係を示す。

> **ポイント**
> - 画像関連機器の周辺装置開発においては、短期間に膨大な機種数の開発が求められている。

2.5 PQMとは

2.5.1 プロジェクト開発面でのめざす姿

　プロジェクトによる商品開発は、NHKのテレビ番組「プロジェクトX」[4]に見られるように、従来の延長にない画期的な商品を市場投入できる利点がある反面、単発的な商品開発の成功物語に留まる場合も多く、その瞬発力がプロジェクトの真骨頂ともいわれてきた。しかしながら、われわれが「お客様ファーストの商品開発」としてめざすのは、一発花火のプロジェクト開発ではない。前述した厳しい環境変化の中においても、国内外の競合会社にすぐにキャッチアップされ陳腐化することのない、競合優位な商品を市場へ確実に提供し続けることを可能にするプロジェクト開発である。

> **ポイント**
> ・プロジェクト開発でわれわれがめざす姿は、競合優位な商品を、市場に確実に提供することを可能とすることである。

2.5.2 人材育成面でのめざす姿

　われわれがめざすもう一つの姿は、このようなプロジェクトを実行できる組織開発と人材育成を同時並行で進めることである。

> **ポイント**
> ・人材育成面においてわれわれがめざす姿は、プロジェクトを実行できる組織開発と人材育成を同時並行で進めることである。

---

4) NHK放映（2000年3月28日～2005年12月28日）

2.5.3 PQMとは

われわれは、新たに構築する開発プロセスのめざす姿を、「優れた体験価値を提供できる"お客様ファーストの商品"を含む多数の商品群を、重層的かつタイムリーに企画し、市場に確実に提供するための一連の商品開発の良い流れを生み出すプロセスの構築と、そのための人材育成を可能とすること」と定義した。

そして基本となる考え方として、プロジェクト開発のPDCAを回す「プロジェクトマネジメントプロセス」と、品質つくり込みのPDCAを回す「品質マネジメントプロセス」を両輪として、相互作用を及ぼしながらプロジェクトの良い流れを導き出すプロジェクト型品質マネジメントシステムをPQM（Project Quality Management）と名づけ、実践することとした（図2.4）。

すなわち、PQMとは、プロジェクト開発形態をベースにおきながら、生産分野で日本が世界に誇る品質管理技術を適用することで、プロジェクト一連の商品開発の良い流れを生み出しつつ、そのための組織づくりと人づくりを並行して行うことを目標にしたマネジメント手法であり、

- 「お客様ファーストの商品」を定期的に確実に企画する
- 同時多テーマを手戻りのない設計ステップに持ち込む
- 同時多テーマのQCDを精度良く管理し、長期の安定生産を可能にする
- 各組織が共通目的に沿って効率的に活動する
- 組織全体の成熟度をステップごとに向上させる

ために、品質マネジメントプロセスとプロジェクトマネジメントプロセスを融合させた新しいマネジメント手法である。

> **ポイント**
> - PQMとは、プロジェクト開発に品質管理技術を適用することで、商品開発の良い流れを生み出しつつ、組織づくりと人づくりを行うためのマネジメント手法である。

第2章 PQMとは何か

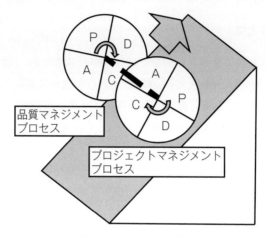

図2.4　PQMの両輪

第3章

PQMの概要

本章では、PQMの概要として、その全体像を解説する。

第3章　PQMの概要

3.1　PQMの全体像

　一般の会社においては、全社的戦略に基づき「方針管理制度」[1]を用いて全社方針を各組織に展開して事業運営を行っていく。全社の事業領域を定めた経営理念や3から5年後の「ありたい姿」を定めたビジョンを基に作成された全社方針を受けて、各階層の組織リーダーは自部門に展開し、順次方針策定を行っていくしくみである。戦略として一貫性や整合性のある施策を全社的に展開することで、経営効率を高められる利点がある。

　組織リーダーの目的は、「全社方針に基づき、プロジェクトを通じて"卓越した組織成果を繰り返し・効率的に創出できる"しくみを構築すること」である。そこで、組織リーダーがPQMを用いることにより、どのようなプロジェクトに対しても「プロジェクトの良い流れ」を構築し、目的を達成できるようになるために、実施していくべきフェーズと実施手順の全体像を図3.1に示す。

　PQMは、大きなフェーズとして時系列に、
① フェーズ1：フレームワークの構築
② フェーズ2：企画ステップ
③ フェーズ3：開発ステップ
④ フェーズ4：設計ステップ
の順で進められる。

　各フェーズにおける実施手順を以下に示す。

フェーズ1：フレームワークの構築

　フェーズ1におけるフレームワークの構築とは、PQMを実施するに当たって組織として必要な前提条件を整える活動のことであり、以下の5つの手順か

---

1)　飯塚悦功監修、長田洋編著、内田章、長島牧人著：『TQM時代の戦略的方針管理』、日科技連出版社、1996年

3.1 PQMの全体像

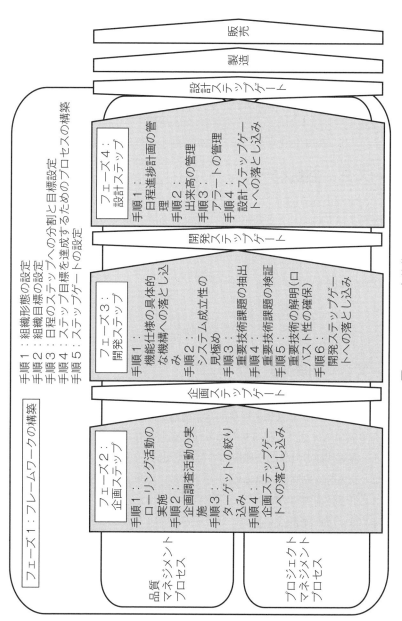

図3.1 PQMの全体像

らなる。
　手順1：組織形態の設定
　手順2：組織目標の設定
　手順3：日程のステップへの分割と目標設定
　手順4：ステップ目標を達成するためのプロセスの構築
　手順5：ステップゲートの設定

フェーズ2 ：企画ステップ

　フェーズ2はプロジェクト開始の第1段階であり、開発商品の機能を定義する企画ステップと呼ぶものであり、以下の4つの手順からなる。
　手順1：ローリング活動の実施
　手順2：企画調査活動の実施
　手順3：ターゲットの絞り込み
　手順4：企画ステップゲートへの落とし込み

フェーズ3 ：開発ステップ

　フェーズ3は、プロジェクトの基本的な成立性を見極め、技術をつくり込む段階である開発ステップと呼ぶものであり、以下の6つの手順からなる。
　手順1：機能仕様の具体的な機構への落とし込み
　手順2：システム成立性の見極め
　手順3：重要技術課題の抽出
　手順4：重要技術課題の検証
　手順5：重要技術の解明(ロバスト性の確保)
　手順6：開発ステップゲートへの落とし込み

3.1 PQM の全体像

フェーズ4：設計ステップ

最後のフェーズ4は、プロジェクト活動の最終ステップである、量産開始に向けた設計活動を行う設計ステップと呼ぶものであり、以下の4つの手順からなる。

手順1：日程進捗計画の管理
手順2：出来高の管理
手順3：アラートの管理
手順4：設計ステップゲートへの落とし込み

次章より、各フェーズにおける実施内容を手順に沿って解説するとともに、その実践において用いるべき有効な手法について解説する。

第4章

PQMのフェーズ1：
フレームワークの構築の実施手順

　本章では、PQMの適用に当たりフェーズ1で実施すべきフレームワーク構築の実施手順について解説する。

第4章　PQMのフェーズ1：フレームワークの構築の実施手順

フェーズ1：フレームワークの構築

PQMのフェーズ1：フレームワークの構築に関する手順を以下に解説する。

手順1　組織体制の設定

「組織は戦略に従う」とは、アルフレッド・D・チャンドラー[1]の言葉であり、「企業理念やビジョンをもとに設定された戦略に応じた組織設計を行うべきである」というものである。第2章で述べたように、PQMは「お客様ファーストの商品を含む多数の商品群を、重層的にタイムリーに企画し、市場に確実に提供する」ための戦略に対応するプロセスであるため、組織もその戦略に沿ったものとして設計されるべきである。

第2章で述べたように、PQMは基本的な実施単位としてプロジェクト型組織を採用する。プロジェクト型組織には、(1)機能別組織型(プロジェクトチーム)と(2)マトリクス組織型の2つがある。それぞれの概要とメリット・デメリットを以下に示す。

(1) 機能別組織型

一般的な日本企業は、「機能別組織型」の体制をとっている。機能別組織型のメリットは、

- 個々の部署の専門性が高められる
- 命令指揮系統が明確

である。一方、デメリットは、

- 組織間の連携がとりにくい
- 部門横断の知識を蓄積できず人材が育ち難い

である。

---

1) アルフレッド・D・チャンドラー(1918～2007)：米国の歴史学者。企業経営の在り方を歴史学の観点から捉える「経営史」の大家として知られる。

フェーズ1：フレームワークの構築

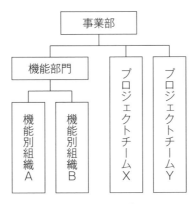

図 4.1　機能別組織型プロジェクト

　機能別組織は個々の機能に特化しているため、その機能を従来の延長線上で改善するには向いているが、関連組織を巻き込んで抜本的な改革を行うには向いていない。

　機能別組織型プロジェクトでは、図 4.1 に示すように機能別組織の一つをプロジェクトチームと呼び、特定の商品の上梓を組織機能上の目標とする。この場合、組織目標がプロジェクト目標と一致しており、権限がプロジェクトチームリーダー(組織長)に集中し、指揮系統がわかりやすい反面、すべての事柄の成否がプロジェクトチームリーダーの能力に左右されるため複雑な商品の開発に向かない、組織の独立性が高く他組織の協力を得るのが難しい、というデメリットがある。

(2)　マトリクス組織型

　機能別組織における課題に対応できる組織体制として、「マトリクス組織型」がとられるケースが多い。マトリクス組織型とは、組織の軸を「機能をベースとした縦軸」と、「プロジェクトをベースとする横軸」からなる構成とした組織体制である。定常の組織として従来の機能別組織を設け、そこに横軸を通すように、プロジェクトの発生に応じて各機能部署からメンバーを抽出しプロジ

第4章　PQMのフェーズ1：フレームワークの構築の実施手順

	機能別組織A	機能別組織B	機能別組織C	機能別組織D
プロジェクトX	○	○		○
プロジェクトY	○		○	○
プロジェクトZ		○	○	○

図4.2　マトリクス組織型プロジェクト

ェクトとするものである。図4.2にマトリクス組織型におけるプロジェクトと機能別組織との関係を示す。

メリットとして、基本となる人事管理や通常の組織運営は機能別組織が受け持ち、各プロジェクトは柔軟な組織を編制できることが挙げられる。例えば、組織職などの肩書きに囚われない役割を担う、必要に応じてメンバーが複数のプロジェクトを掛け持ちする、などである。

一方デメリットとしては、マトリクスに沿って縦横2つの指揮系統が生まれる、など組織が複雑化することが挙げられる。

(3)　マトリクス組織型のつくり方

PQMにおける組織体制の基本はマトリクス組織型をとる。図4.3は当社における基本組織体制である。縦軸が機能別組織となっており、推進部署であるPM室(プロジェクトマネージャー：開発推進者)、設計部署であるメカ設計室(メカニクス)、エレキ設計室(エレクトロニクス)、ソフト設計室(ソフトウェア)から構成されている。

プロジェクトが発生すると、PM(プロジェクトマネージャー)が選任され、プロジェクト期間中はPM室に所属しその管理下に入る。同様に各機能部署から必要に応じてメンバーが設定される。図4.3には記載されていないが、企画部署、営業部署、生産準備部署からもメンバーが選任される。

フェーズ1 : フレームワークの構築

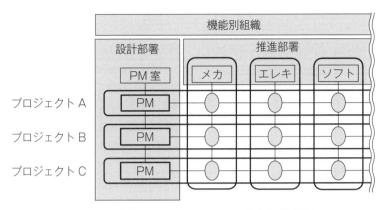

図4.3　当社でのPQMにおける基本組織体制

> **ポイント**
> - PQMとして採用する組織形態はマトリクス組織型を基本とする。
> - 機能別組織の縦軸に対してプロジェクトの横軸を設定する。

手順2　組織目標の設定

　PQMは競合優位な商品を市場に提供し、事業貢献につなげるしくみであると同時に、組織そのものを改革するしくみでもある。そのため、組織設計(見直し)に当たっては、組織の達成目標を設定し、リーダーや構成員全員がこの達成目標を意識しながら活動することが望ましい。

　そのためには、組織・運営管理においてめざす姿を「組織成熟度」として定義し、このレベル向上を組織全体の目標(組織方針)に設定することが必要である。組織リーダーは常に自組織の組織成熟度がどのレベルにあるかを、あらゆる機会を利用してメンバーと共有するよう心がけなければならない。

　具体的には、期初にその期の方針を作成し共有するタイミングや、期末にその期の実績を評価するタイミングを用いて、本成熟度の目標レベルへの達成時

第4章 PQMのフェーズ1：フレームワークの構築の実施手順

表 4.1　組織成熟度

成熟度	内　　　容	達成時期
Level.5	いかなる環境変化においても、しくみの改善が速やかに、適切に行われ、獲得技術のレベルアップと技術領域拡大のために常に挑戦し続けている。	20XX年度末
Level.4	PQMのしくみは、徹底して改善され続け、設計品質、プロジェクト管理は計画どおりに進められて、設計生産性が向上している。	20XX年度末
Level.3	多くの整備された標準、ルールを活用して組織活動を進めながらも、高い目標を設定してスピーディな活動を行っている。	20XX年〜
Level.2	省略	―
Level.1	省略	―

期と実績とのギャップを明確にし、メンバーと共有したうえで具体的な行動目標を設定していく。

ソフトウェアの世界では、CMM®やCMMI®[2]において、組織のプロセスの発展段階を5段階の組織成熟度レベルでモデル化しており、参考にされたい。当社で設定した組織成熟度のレベルを表4.1に示す。

このように組織に具体的な共通目標[3]と達成時期を設定することで、組織メンバーの中にその達成に向けた貢献意欲が生まれ、さまざまなコミュニケーションが促されることで、組織の一体感と自律性が高められる。

2）　CMMI(Capability Maturity Model Integration，能力成熟度モデル統合)は，能力成熟度モデルの一つであり，システム開発を行う組織がプロセス改善を行うためのガイドラインである。米国カーネギーメロン大学(CMU)ソフトウェア工学研究所(SEI)で考案された。CMMIでは，組織の製品，サービスの開発，調達能力などを5または6段階のレベルで評価する。組織のプロセス改善の度合いが，レベルにより表される。
3）　チェスター・A・バーナード(1886〜1961，経済学者)は，組織の成立条件として組織の3要素，共通目的・貢献意欲・コミュニケーションを示した。

フェーズ1：フレームワークの構築

> **ポイント**
> ・組織成熟度をベースとした組織目標を設定する。
> ・繰り返しアナウンスしメンバーへ浸透させる。
> ・現状とのギャップを埋める具体的手段を設定する。

手順3　日程のステップへの分割と目標設定

(1)　日程をステップに分割する

PQMは、モノづくり企業としてターゲット商品の構想から量産開始までを、一つのプロジェクトとして捉えており、構想した商品が徐々に形態を定め、日々の生産・販売が開始できるまでの期間を大きく次の3つのステップに分割して考える（**図4.4**）。

1) 企画ステップ
2) 開発ステップ
3) 設計ステップ

既存メーカーの大半は、このように開発ステージを分割してプロセスを構築

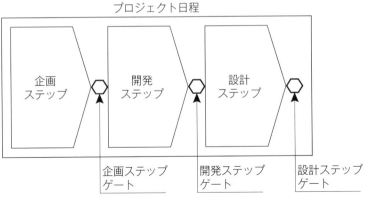

図4.4　各ステップとゲート

第4章 PQMのフェーズ1:フレームワークの構築の実施手順

しており、3分割はむしろ少ないと感じるであろう。しかしながら、プロセスの再構築に当たって、あまり細部の検討に目がいってしまうと、むしろ本質が見えなくなる。本書では、最低限の数への分割に絞って解説する。

(2) 各ステップの目標設定を行う

各ステップに対して、基本的に次のステップに移行可能かどうかを判断するうえで最も重要なポイントに絞って目標設定を行う。"あれも、これも"と目標設定を行うと、そのステップで採用する手法も総花的になり、作業が膨大となってしまい、生産性向上につながらない。

当社では、PQMの各ステップにおいて以下のような目標設定を行った(表4.2)。

1) 企画ステップ

企画ステップは、優れた体験価値を提供できる競争優位な商品を構想し、モノづくりのステージへ送るためのステップである。したがって、「差別化された、優れた体験価値の獲得」および「実現手段としての機能定義」を目標に設定した。

当然ながら、正式な「企画書(原案書)」として決裁を受けるためにはさまざまな事項を設定し、それをクリアしているかどうかを仕様書として明確化しなければならず、これが目標ともいえる。しかしながら、シンプルな目標設定にすることで、よりエッジの効いた商品の企画につながる。

表4.2 各ステップの目標

ステップ	目標
企画ステップ	「優れた体験価値の獲得」、「実現手段としての機能定義」を完了すること
開発ステップ	設計ステップにおいて手戻りを起こさないように、技術の解明を完了すること
設計ステップ	量産開始が可能となるQCDを確保すること

2) 開発ステップ

　開発ステップとは、企画ステップから送られてきた商品の原案を、具体的な商品の形態に落とし込み、その中で重要な機能部分については、実際に部品やモジュールをつくり、その性能を確保するプロセスである。そしてその最終目標は、「設計ステップにおいて手戻りを起こさないよう技術の解明を完了すること」である。

　構想において差別化された機能を盛り込もうとするほど、従来と異なる形態や機構、動作およびソフトウェアを搭載することになる。一方、商品化に関しては、「Go」を出してからは最短納期でお客様に届ける必要があり、そのばらつきを生じさせるリスクの中で最大のものは「手戻り」である。「手直し」レベルの修正であれば、プロジェクトの日程バッファの中で処理を行う、もしくは各部署の協力のしかたでリカバリーする、などの対応が可能である。しかしながら手戻りとしてある程度進んできた道のりを引き返し、もう一度作業を行うことは絶対に回避しなければならない。

　図4.5は、修正と手戻りの差を示している。図4.5(左)は修正レベルの計画差であり、リカバリーは可能である。一方、図4.5(右)の図は手戻りが発生し、がんばってもリカバリーしきれず日程遅れが発生している様子を示している。

　開発ステップ完了時のステップゲートとして、企画案を最終確定し、プロジ

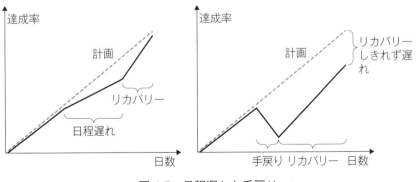

図4.5　日程遅れと手戻り

ェクトに関連する全部門が商品化開始に向けて設計ステップのスタートを切るための経営判断を行うゲートを設ける。

3) 設計ステップ

開発ステップの完了により、以後大きな手戻りが発生しないことが担保されたことを受けて設計ステップを開始する。プロジェクトチームは、具体的な商品設計と評価を行い、量産のための準備を行う。

また量産開始の「Xデー」に向けて、生産部門はさまざまな生産設備の準備や工場の確保を、営業部門は末端営業へのさまざまな情報提供や販売フォーキャスト（予測）に関わる直販・代売含む商品在庫先との調整やサービスの準備を、資材調達部署は調達先の確保を、それぞれ実施するために一斉に走り出す。

このステップの目標はもちろん「量産開始につながる QCD を確保すること」であり、この達成が設計ステップ完了のステップゲートである。

> **ポイント**
>
> ① 企画ステップの目標設定
> - 「優れた体験価値の獲得」と「実現手段としての機能定義」を完了すること
>
> ② 開発ステップの目標設定
> - 設計ステップにおいて手戻りを起こさないよう技術の解明を完了すること
>
> ③ 設計ステップの目標設定
> - 量産開始が可能となる QCD を確保すること

手順4　ステップ目標を達成するためのプロセスの構築

各ステップの目標を達成するための開発プロセスのフローを作成するに当たっては、先述したように先人から受け継ぐ資産であるさまざまな理論や手法から最適なものを選択し、「良い流れ」を実現しなければならない。単に手法を

フェーズ1：フレームワークの構築

並べただけでは良い流れは構築できない。手法を組み合わせて改善すること、また自組織の目標達成に最適なものに修正することにより、ステップ目標を達成するプロセスを構築することが重要である。

このように再構築する開発プロセスのフローを一貫性のある良い流れにするために、本書ではその流れの中核を「機能」と捉えることが必要であるとしている。

具体的には、
① お客様が求めるニーズの言葉を機能の言葉に換え、機能を具体的な機構・動作として仕様に変換する（機能仕様）
② これらの機能仕様を機械的、電気的、ソフトウェアとしての系統ごとの要素に分解した後に、品質項目との関連性を明確にする
③ 具体的な機構・動作について、機能面と仕様面から過去の実績との横並べ比較を行う
④ 上記②、③を通じて抽出された重要技術課題について、市場での使われ方を十分に盛り込んだ誤差因子を用いた品質設計を実施し、ロバスト性をつくり込む
⑤ システム全体の設計を行うことによって、QCDを確保するよう活動を管理する

という手順になる。この構築作業の詳細を、以下ステップごとに解説を行うこととする。

> **ポイント**
> - 各ステップの目標を達成するためのプロセスのフローを構築する。
> - 構築に当たっては優れた過去の資産（理論・手法）を最適化し適用する。
> - フローの中核に「機能」を置き、良い流れを実現する。

手順5　ステップゲートの設定

最後に各ステップのステップゲートを設定する。ステップゲートは字のごとく関門であるが、図2.1に示した川の流れの中のダムの役割でもある。すなわち、一度そこを通過した流れは「逆流することのないもの」でなければならない。

ゲートには、ゲートキーパーと呼ばれる各関連部署の代表審議者と決裁者が存在する。ゲートキーパーはプロジェクトメンバーが所属する機能組織の代表者であり、良い川の流れをつくり、下流に流していくために「組織知」を出し尽くすことが役割である。

各機能組織は組織設計上、重複がなくその会社の担当領域の知が結集し、集積された組織であるはずである。したがってゲートにおける審議は、「少なくとも当社のすべての知見を総動員して得られた結論に基づくものである」といえるものでなければならない。そしてそれらを積み上げて行くことで、全社の「知的資産」に基づく商品が完成する。

> **ポイント**
> - ステップゲートを設定する。
> - ゲートキーパーは担当領域の知を結集した審議を行わなければならない。

第5章

PQMのフェーズ2〜4：各ステップの実施手順

　本章では、PQMを適用するフェーズ2〜4の各ステップにおける実施手順の解説を行うとともに、各手順の実施に当たり用いるべき有効な手法について解説する。

第 5 章　PQM のフェーズ 2～4：各ステップの実施手順

フェーズ 2：企画ステップ

　企画ステップにおける目標は、「差別化された、優れた体験価値の提供」、および「実現手段としての機能仕様」の実現である。以下に目標達成に向けて企画ステップにおいて実施する内容について解説する。

　企画ステップのワークフローを図 5.1 に示す。

手順 1　ローリング活動の実施： 商品戦略 、 技術戦略 、 Pf/Md 戦略

　リコーグループにおいては、各商品分野に関して毎年、商品戦略、技術戦略、Pf/Md（プラットフォーム・アンド・モジュール、プラットフォームは商品群のくくり、モジュールは商品を構成する機能の塊である）戦略のローリングが行われている。

　商品戦略は、市場をセグメントに分割し、どの市場にどのような商品をいつ提供するかのロードマップを作成したものである。技術戦略は、定められた商品群を成立させるために必要な技術を必要な時期までに完成させるための技術開発のロードマップを作成したものである。また、Pf/Md 戦略は、商品ラインを形成するプラットフォーム間で用いるモジュールの共通性を高めることで、開発工数を削減するためにルールを定める活動である。

　これらは、その都度決めるものではなく毎年繰り返し検討活動がされ、外部環境の変化に応じて修正されている。

　商品戦略上この時期に必要な商品である、もしくは技術開発の成果として競合優位となる商品である、として商品化とその発売時期が確定すると、それに基づいて個別商品（もしくは商品群）の企画ステップが開始する。

　以上が企画ステップの最初の手順である、毎年のローリング活動である。

フェーズ2：企画ステップ

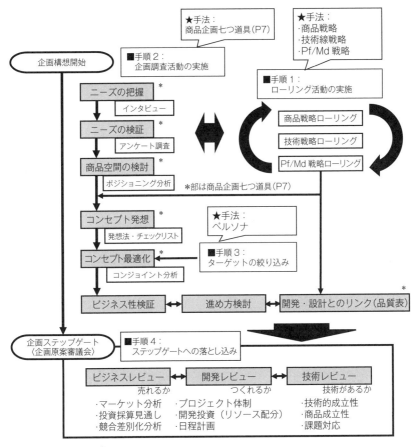

図 5.1　企画ステップのワークフロー

> **ポイント**
> - 企画ステップへの入口として毎年のローリング活動を行う。
> - ローリング活動は、商品戦略、技術戦略、Pf/Md 戦略である。

第5章　PQMのフェーズ2〜4：各ステップの実施手順

手順2　企画調査活動の実施：商品企画七つ道具(P7)

　企画ステップにおける目標達成のためには、マーケティングとして、「だれに、何を、どのように」提供するかを定める必要がある。㈱リコーおよび当社では、企画調査活動として差別化された商品の仕様に落とし込む一連の作業を、「商品企画七つ道具」(通称 P7)[1]を用いて手順化している。

　P7は、高い商品力を実現するため、「調査」、「発想」、「最適化」、「リンク」と段階を踏んで感動商品を企画し、開発へ結び付けていく手法群である。以下の手順に細分化されており、①から⑦は P7 の各要素に対応している。

(1)　調　査

① （ニーズの把握）グループインタビュー：何人かの顧客グループのコミュニケーションから新たな発見や気づきを導き出す手法。

② （ニーズの検証）アンケート調査：インタビューで得た仮説を多数の顧客に対して検証するための手法。

③ （商品空間の検証）ポジショニング分析：2軸を用いて収集したデータの因子分析を行い、商品の位置づけを決める手法。

(2)　発　想

④　発想チェックリスト、⑤　表形式発想法(コンセプト発想)：創造性と潜在ニーズ適合性を重視したアイデア発想の手法。

(3)　最適化

⑥　（コンセプト最適化）コンジョイント分析：決定要素を変動させ、組合せパターンの評価より最適コンセプトを決定する手法。

---

[1] 神田範明氏(成城大学経済学部経営学科教授)によって提唱された、ヒット商品を作るための方法論。

(4) リンク

⑦ （開発・設計とのリンク）品質表：要求品質と品質要素をかけ合わせ、具体的な「機能」にまで落とし込む手法。

> **ポイント**
> - 汎用的な企画手法として、「商品企画七つ道具（P7）」がある。
> - 段階を踏んで、感動商品を企画し開発へ結びつけていく。

手順3　ターゲットの絞り込み：ペルソナ

　PQMは、P7を用いて市場をセグメントに分解し、特徴のある市場空間の中で差別化された商品の位置づけを設定することに加え、「ペルソナ」という手法を用いてターゲットを徹底的に絞り込むことで、ユーザーニーズを明確にする手順を設定している。

　「ペルソナ」とは、マーケティング戦略において、ターゲットとするユーザーを明確にするための手法である。ターゲット像を絞れず、さまざまなユーザーニーズをすべて取り入れると、結果的にどのユーザーのニーズも満たせない中途半端な商品になってしまう。そこで、詳細に設定した「ペルソナ」という代表的な顧客プロフィールを企業内で共有し、人物像への理解を深めることでマーケティング方針を統一する手法である。

　ペルソナは、従来の性・年齢・職業・居住地といったデモグラフィックデータ（社会・経済的データ）だけでなく、趣味嗜好や価値観、ニーズや行動特性などのサイコグラフィックデータ（心理的データ）も組み合わせ、具体的かつ詳細に設定した一人の顧客像に注目して、アプローチする点に特徴がある。

　具体的には、表5.1に示すシートでターゲットの属性や好みを詳細に定義していく。なお、BtoCとBtoBではプロフィールが異なるのでシートが分かれる。

　次に表5.2に、そのターゲットが具体的に購買に至る心理特性を記述する。

第5章　PQMのフェーズ2〜4：各ステップの実施手順

表5.1　ペルソナの設定(1)

ターゲット＝「ペルソナ」の設定	
(BtoC)	(BtoB)
①名前	①業種
②年齢／性別	②設立年数
③職業	③従業員規模
④年収	④オーナー／非オーナー
⑤既婚・独身	⑤平均年齢
⑥子供の有無、年齢／性別	⑥男女比
⑦居住場所、タイプ	⑦社内雰囲気
⑧車の有無、タイプ	⑧上場／非上場
⑨休日の過ごし方	⑨その他
⑩好きなブランド	
⑪好きな雑誌、TV、映画	
⑫好きな音楽	
⑬その他	

出典）ARYS COMPANY Inc.

フェーズ2：企画ステップ

表5.2　ペルソナの設定(2)

ターゲットが考える良いもの
商品を買う「動機」・「決め手」
お金とサービス・商品の関係

出典）ARYS COMPANY Inc.

お金を払ってでもその商品・サービスを買う動機を明確にする。

　ペルソナを導入するメリットは、

① ユーザーの具体的なニーズを把握することができる
② 「思い込み」を防ぎ、「ユーザー目線」を関係者で統一できる
③ 統一的な企業メッセージにより広告効果が高まる

ことなどである。

> **ポイント**
> ・「ペルソナ」を用いてターゲットを絞り込む。
> ・関連メンバーにてイメージを共有し、方針を統一するツールである。

手順4　企画ステップゲートへの落とし込み

　企画ステップにおけるゲートの考え方は、「ビジネスレビュー」、「開発レビュー」、「技術レビュー」の3つからなる。

第5章　PQMのフェーズ2〜4：各ステップの実施手順

①　ビジネスレビュー

「売れるか」という観点からの審査である。売れるかについては、誰に、何をどのように売るかという観点のもとに、市場の大きさや成長性の魅力度を計るマーケティング分析や、投資規模と収益性のバランスを計る投資採算性分析、競合などとのポジショニングや勝ち筋に関する競合分析などからなる。

②　開発レビュー

「つくれるか」という観点からの審査である。プロジェクトサイズや関連組織の関連を明確にするプロジェクト体制検討、開発に必要な人・モノ・金を明確にする開発投資（リソース配分）検討、開発全体の日程と商品投入時期を明確にする日程計画検討などからなる。

③　技術レビュー

「つくれるか」を支える技術面からの審査であり、「自社に商品を成立させ技術があるか」という技術的成立性検討を行う。開発の過程でクリアすべき技術課題の抽出と、その対応を各技術分野のオーソリティ（高レベルの有識者）の力を借りて明確にする課題対応計画検討などからなる。

> **ポイント**
> - 企画ステップのステップゲートは、ビジネスレビューとして「売れるか」、開発レビューとして「つくれるか」、技術レビューとして「技術があるか」の3つの審査からなる。

フェーズ3：開発ステップ

開発ステップでは、企画ステップで明確にした商品の使われ方から機能仕様に落とし込んだ流れを、具体的な機構やソフトウェアのレベルにまで落とし込み、成立性の実証を行う。

開発ステップにおける目標は、前述したように、「ステップを跨ぐ手戻りを

フェーズ3：開発ステップ

生じさせないこと」である。以下に目標達成に向けて開発ステップにおいて実施する内容について解説する。

開発ステップのワークフローを図5.2に示す。

手順1　機能仕様の具体的な機構への落とし込み：TRIZ、ファシリテーション・ブレーンストーミング

開発ステップにおける第1番目の手順は、企画ステップにおける商品コンセプトから展開された機能仕様を具体的な機構・動作に落とし込むことである。PQMではこの手順において用いる手法として、「TRIZ」および「ファシリテ

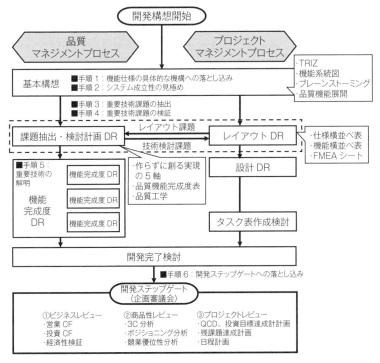

図5.2　開発ステップのワークフロー

ーション・ブレーンストーミング」を推奨している。

(1) TRIZ

　TRIZとは、旧ソ連海軍の特許審議官G．アルトシュラーが膨大な特許情報を分析した結果より導き出した一連の発明の法則をまとめたものであり、「システムの理想性向上をめざすために、技術進化の原理に基づき、革新的アイデアを創出する合理的方法論」である。

　TRIZの適用方法については多くの優れた書物があるが、ここでは『革新的課題解決法』（長田洋他著、日科技連出版社）に基づいて説明する。

　お客様に今までにない体験価値を提供するには、今までなら「不可能」と回答するようなお客様ニーズに対して、革新的なアイデアを盛り込んで装置化することであり、これによって競争優位な商品が生まれることになる（図5.3）。

　しかしながら、イノベーションはさまざまな矛盾を抱えており、この矛盾を解決しなければならない。従来のインクリメンタル（暫時的）な改善のアプローチは、「あちらを立てればこちらが立たない」といった矛盾に対して、「折り合いの良いところを見つける」アプローチであった。

　TRIZは図5.4のように、矛盾する要求機能を両立させるような解を探すアプローチである。相対する矛盾を両立させるところにイノベーション（革新）が必要であり、その抽象的な一般解が過去の特許の中にあるとし、それを整理して紐付けやすくしたものを「矛盾マトリクス」、「統合発明原理」としてまとめている。

　したがって開発者は、お客様のニーズを抽象的な対立する要求機能として記述し、その結果矛盾マトリクスや統合発明原理から「自動的に」得られる一般解を具体的な機構に落とし込む（特殊解を求める）作業を行うことになる。

(2) ファシリテーション・ブレーンストーミング

　TRIZの手法においても、有効なアイデアの源は各参加者の頭の中にあり、画期的なアイデアの答が機械的な手法の当てはめにより得られるということは

フェーズ3：開発ステップ

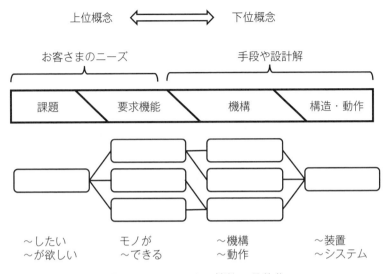

図5.3　TRIZによる機能の具体化

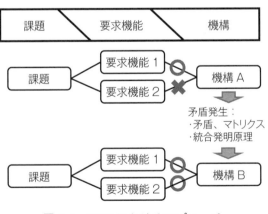

図5.4　TRIZにおけるアプローチ

ない。参加者のインスピレーションが刺激された瞬間に優れたアイデアが訪れることになる。したがって、参加者の頭の中を「嵐(Storm)」のようにかき回し、本人が思ってもみなかった着想を誘発するしかけが「ブレーンストーミング」である。

しかしながら、多くの組織でアイデア発想のためのブレーンストーミングを行うが、気質がまじめな日本人の中でもさらにコミュニケーションが得意とはいえない"理系人間"である開発・設計者に対して、「さあやりましょう」といっても活発な議論にならないケースが多い。

ファシリテーションとは、グループによる活動が円滑に行われるように支援する活動であり、特に会議の円滑化や効果の拡大のための手法といわれている。ブレーンストーミングもファシリテーションの中の一手法と位置づけられている。TRIZの手法を組織の中で有効に使い続けるためには、アイデア発想のためのブレーンストーミングにおいて、役割の設定、雰囲気づくり、アイデア・発言の促進、まとめ・評価など、一連のファシリテーションを強く意識して行う必要がある。そのため、ファシリテーション・ブレーンストーミングに関するスキルをキーマンの育成の中に位置づける必要がある。

> **ポイント**
> - 「TRIZ」は、お客さまの要求機能を具体化する革新的アイデアを創出するために、機能を機構・動作レベルまで具体化するツールである。
> - 「ファシリテーション・ブレーンストーミング」を有効に活用する必要がある。

手順2 システム成立性の見極め：機能系統図、品質機能展開(QFD)

企画ステップにおいてお客様の言葉で示された欲しい機能を分解・分析し、機能系統図に落とし込んだ。次に開発ステップにおける第1の手順として、その中で抽出された課題に対してTRIZを援用し具体化した機構・動作への落と

フェーズ3：開発ステップ

し込みを行った。第2の手順としては、これらの機構・動作をもとにしたシステム全体についての検討を行う。これは、局所と全体の整合性を図る手順である。

局所がいかに尖った優位性をもっていても、全体の中で生かされない限り優位性は発現できないばかりか、不具合発生のもとになる。したがって、局所と全体の整合性検討を繰り返すことで、全体の仕様を固めていく。この間にDRを繰り返すことで有識者の知見を盛り込んでいくことになる。

手順としては、まず**図5.5**の「機能系統図」を作成する。すなわち、お客様の声である要求仕様を、技術の言葉に徐々に分解していく。これにより、品質との関連がよりわかりやすくなる。

次に、「品質機能展開(QFD)」への落とし込みを行う。**図5.6**に示すように縦軸に1次機能、2次機能と展開された機能系統図を記載する。次に、横軸に具体的な構成に分解されたモジュールや部品に要求される品質項目を記載し、その相関関係をチェックして記載していく。

以上により、お客様の欲しい機能を、具体的な商品の機能に展開し、さらに品質項目と関連づけることで、機能に着目した商品つくり込みの流れが実現できる。

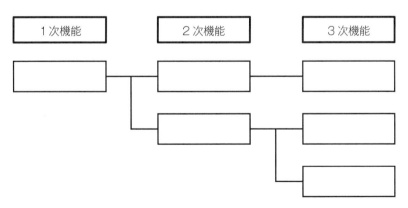

図5.5　機能系統図の構成

第5章　PQMのフェーズ2〜4：各ステップの実施手順

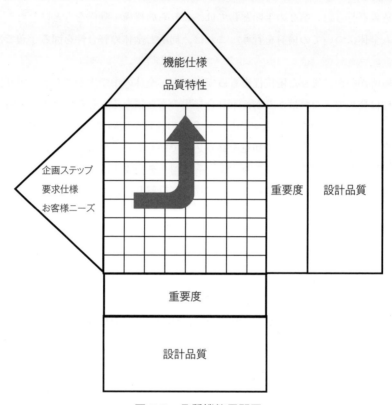

図 5.6　品質機能展開図

> **ポイント**
> - 「機能系統図」を用いて、機能の展開を行う。
> - 「品質機能展開(QFD)」は要求機能と設計品質を関連づけるツールである。

フェーズ3：開発ステップ

手順3　重要技術課題の抽出：仕様横並べ表、機能横並べ表、FMEA

　品質機能展開(QFD)によりお客様の欲しい機能を品質項目に結びつける中で、さまざまな課題が抽出される。しかしながら課題の抽出漏れがあると、開発ステップの目標である、設計ステップにおける手戻りをなくすような技術解明を完成することができない。そこで、課題抽出漏れをなくするためのさらなる検討手法として、①「仕様横並べ表」、②「機能横並べ表」、③「FMEA」を用いて課題抽出を行う。

(1)　仕様横並べ表

　開発商品(機種)の機能仕様レベルにて、前身機種、類似機種(自社・他社)との横並べを行う。実際に市場において実績のある機械の機能との比較をし尽くすことにより、どの機能でどの程度差別化するべきかが明確になるとともに、市場実績のない部分に対する課題が抽出できる。表5.3に、「仕様横並べ表」のフォーマットを示す。

　エリアの記載内容は、開発機種、前身機種、類似機種の仕様を横並べに記載し、変化点とその変化点が生じた理由を記載する。お客様の使われ方の差異を具体化することで、「なぜ変えるのか」、「なぜ変えないのか」といった検討を可能とする。

表5.3　仕様横並べ表

No.	仕様項目	内容	対象機種	変化点	前身機	類似機種（自他社）	…
1-1							
1-2							
…							

(2) 機能横並べ表

仕様としてのお客様が求める機能を具体的な商品の機能、すなわち機構・動作に落とした後に、機能レベルでの横並び比較を行う。ここでも実際に市場にて実績のある機械の機構・動作との比較をし尽くすことにより、市場実績のない部分に関する不具合の未然防止課題が抽出できる。表5.4に「機能横並べ表」のフォーマットを示す。

エリアの記載項目は、開発機種、前身機種、類似機種の機能を横並べに記載し、合わせて発覚した検討すべき課題を記載する。

「横並べ」に関しては、以下の考え方に基づくものである。

改善・改革に関わる分析手法として、「ベンチマーキング(Bench Marking)」と「ベストプラクティス(Best Practice)」がある。これらは、高度成長期における日本企業の急激な進出で大きなダメージを被った米国が、日本企業のやり方を始めとする世界のベストプラクティスから学ぶ際に用い、復活を遂げたことで一躍注目されるようになったものであり、わが国においては日本経営品質賞[2]の審査項目の中に位置づけられている。

設計においても、類似の設計の中から優れた要素を見出し、流用展開することで開発期間を短縮できるばかりでなく、多くの市場稼働機で実証された品質を確保することができる。また、自社の前身機とのモジュールレベル、部品レベルでの共通性を高めることで、購買力の強化によるコストダウンにもつなげることができる。ただし、他社の固有技術による設計部分を安易に真似て特許などの知的財産権を侵害をするようなことがあってはならない。そのようなリスクを低減することも目的の一つである。

---

2) 1995年12月、顧客の視点から経営全体を見直し、自己革新を通じて新しい価値を創出し続ける「卓越した経営の仕組み」を有する企業表彰制度として、日本生産性本部が創設致した。80年代の米国経済の復活に寄与したとされる米国国家品質賞より、「マルコム・ボルドリッジ国家品質賞(MB賞)」を範としている(日本品質協議会HP)。

フェーズ3：開発ステップ

表 5.4　機能横並べ表

機能系統図				機能横並べ比較				
基本機能	1次機能	2次機能	3次機能	あるべき機能	開発機種		前身機種	類似機種（自他社）
						抽出課題		

(3) FMEA

お客様の声からお客様自身が気づかなかった真のニーズを拾い上げ、仕様化し、従来にない新規な機構や動作で「新しい機能を創出する」流れに関わる手法を説明してきた。しかしもう一つの重要な側面は、製品ライフサイクルの全期間、要求機能が維持されなければならない、という「信頼性の確保」である。どんなに魅力的な機能を謳っても、すぐに不調になったり壊れたりする製品は市場には受け入れられることはない。

　製品の信頼性を決める要素の大部分は、開発・設計段階にあるといわれている。設計において行う、将来市場において発生する可能性のある不具合の未然防止活動に「FMEA」がある。FMEA：Failure Mode and Effects Analysis とは、故障モード・影響解析と呼ばれるものであり、「設計における不具合や潜在的な欠点を見出すために、構成要素の故障（不具合）モードが上位アイテムに及ぼす影響を解析する手法」である。

　FMEA には、製品設計活動向けの「設計 FMEA」と工程設計向けの「工程 FMEA」がある。幅広い関連部署のメンバーがチームを組んで、

- 仕様や機能の理解
- 発生可能性のある不具合の抽出

第 5 章　PQM のフェーズ 2～4：各ステップの実施手順

- 不具合の評価
- 対応（予防）策の検討

を行っていく。

　項目や内容は各社でさまざまであるが、標準的な「設計 FMEA シート」を表 5.5 に、「工程 FMEA シート」を表 5.6 に示す。

　エリアの記載内容は、事象面として部品の機能に対して発生が懸念される故障モード、その影響、発生メカニズムを記載する。評価面として発生時の影響の厳しさ、予想される発生頻度を、対応面として予防対応、検出のしかた、検出可能性を記載する。

表 5.5　設計 FMEA シート

部品名称	部品の機能	故障モード	故障影響	厳しさ	故障原因／故障メカニズム	発生頻度	現行の設計監理		検出可能性	危険優先数
							予防	検出		

出典）日科技連信頼性技法実践講座「FMEA・FTA」テキスト、p. 24 2-4。

表 5.6　工程 FMEA シート

工程番号	工程の機能	故障モード	故障影響	厳しさ	故障原因／故障メカニズム	発生頻度	現行の工程監理		検出可能性	危険優先数
							予防	検出		

出典）日科技連信頼性技法実践講座「FMEA・FTA」テキスト、p. 24 2-4。

フェーズ3：開発ステップ

> **ポイント**
> ・品質課題の抽出漏れを防ぐツールとして、「仕様横並べ表」、「機能横並べ表」、「FMEAシート」を用いて有識者での検討を行う。

手順4　重要技術課題の検証：作らずに創る実現の5軸

「品質機能展開(QFD)」、さらには「仕様横並べ表」、「機能横並べ表」、「FMEA」の作成を行う中で、重要な技術課題が見えてくることになる。次の手順は、この重要課題の検証を実施することである。PQMにおいてはコンピュータ技術を援用した技術課題検証を推奨している。

㈱リコーおよび当社におけるモノづくりにおいては、「作らずに創る実現の5軸」という考え方が浸透している。図5.7にその概念図を示す。

具体的には、次のような考え方である。

(1)　つくらない部分を増やす

機能部品(モジュール)やそれらを一体化したユニットを共通化設計し、異なる製品間で流用することで「つくらない部分を増やす」という考え方である。

設計者は元来「新しいものを創りたい」という欲求があり、これは新しい価値創造の源泉となるものである。しかしながら放っておくと、製品ごとに「ほんの少し違う」似通ったモジュールや部品を大量に設計することになり、コストや不具合リスクが高まる。そこで、「共通化指針」を掲げ、個別機種の構想開始前に機種(プラットフォーム)間でのモジュールや重要キーパーツの共通使用をロードマップとして定めている(本ロードマップは、企画ステップにおける手順1のPf/Md戦略のアウトプットのひとつである)。

(2)　つくるならロバスト性の高いモノを創る

新製品をつくるならば、「品質が確保された信頼性の高いモノを創る」とい

第 5 章　PQM のフェーズ 2〜4：各ステップの実施手順

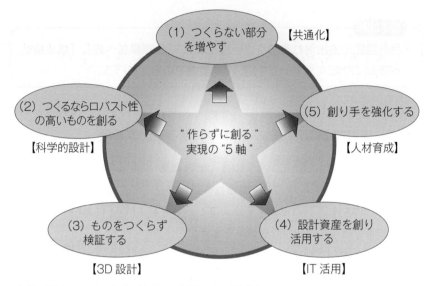

出典）㈱リコー　ホームページ「ものづくりへのこだわり」
http://jp.ricoh.com/technology/rd/manufacture.html

図 5.7　「作らずに創る」実現の 5 軸

う考え方である（ロバスト性とは"堅牢性"を意味する）。

　共通化設計を進めるほど、市場での使われ方の範囲が広がることになるため、製品への外乱条件に対して安定した性能を持たせる必要がある。そのための設計手法として「品質工学」を利用する。

(3)　モノをつくらず検証する

　試作機に代えて、コンピュータシミュレーションや 3D CAD などを駆使して試作コストを削減し、かつ開発スピードを速めていく考え方である。

　設計後すぐにモノを試作すると、試作費や試作期間という費用や時間が必要であるばかりでなく、つくったモノを「維持する」という工数が発生する。また、壊れてしまうような評価ができないことから、ロバスト性を評価するために外乱条件を大きく振った評価が十分にできないことになる。

フェーズ3：開発ステップ

　近年発達を続ける、コンピュータを利用した仮想空間上での設計・シミュレーション技術を利用することで、現物には与えることのできない外乱条件や負荷を与えることができるばかりでなく、「内部応力分布」など現物での測定が難しい特性を容易に得ることができる。

　リコーグループにおいては、試作に際してものをつくらずに、3D CADの仮想空間内であたかも実際の組立を行うような、「バーチャル（Virtual）試作」の実施をプロセスとして定めている。

(4) 設計資産を創り活用する

　IT技術を活用し、設計者がすぐに設計資産を入手できるしくみを創り、共通活用することで効率を高めるという考え方である。

　共通活用には、「地域を跨ぐ活用」と「時間を跨ぐ活用」の2つの側面がある。「地域を跨ぐ」とは、通信回線を用いての画像や音声により情報の共有化を図ることであり、遠隔地のメンバー間で距離を感じさせずに会議やDRの実施が可能なしくみを構築することである。「時間を跨ぐ活用」とは、データーベースを用いた設計情報や市場情報の共有化であり、検索性を上げ、過去のさまざまな事例を参考に新たな知見を積み上げていくことが可能なしくみを構築することである。

　当社においては、インターネット回線を利用したテレビ会議・Web会議システム[3]、表示・書込み情報を共有可能な電子黒板システム[4]を全拠点で備え、国内4拠点やグループの海外拠点間で効率的に開発設計が行える環境を構築している。

(5) 創り手を強化する

　技術者の計画的人材育成や教育プログラムを導入し、市場の変化や技術革新の進展に先駆けることのできる設計者を養成するという考え方である。

---

3) リコー　テレビ会議・Web会議システム　https://www.ricoh.co.jp/ucs/
4) リコー　インタラクティブ・ホワイトボード　https://www.ricoh.co.jp/iwb/

第5章　PQMのフェーズ2〜4：各ステップの実施手順

　知的資産経営においては、企業における最も重要な「見えない資産(インビジブル・アセット)」は「人財」である。上記(1)〜(4)はしくみやプロセスの構築であり、人がやめても企業に残る資産として重要なものである。しかしながら、そのしくみやプロセスを実際に活用するのは「人」であり、その能力向上を常に図ることが競争力の源泉になるとしている。

　企業は、OJT、Off-JTを始めあらゆる手段を駆使して、人材育成のための環境整備を常に行う必要がある。

> **ポイント**
> - 「作らずに創る実現の5軸」をもとに、モノをつくらずに機能検証を行う。
> - 「シミュレーション」、「3D CAD」などのデジタル最新技術を援用する。

手順5　重要技術の解明(ロバスト性の確保)：品質機能完成度表、品質工学

　「品質機能展開(QFD)」などを作成する中で見えてきた、技術課題を含む重要機能に関する検証を確実に行うために、PQMにおいては、次の手順で「品質機能完成度表」という独自の手法に基づき、技術の解明を行っていく。図5.8に、全体図と記載エリアを示す。

　記載エリア1〜6は全体図として1枚に記載され、データベース上にて管理されている。エリアの記載内容は以下のとおりである。

(1)　エリア1：機能系統図

　左端の領域のエリア1には、重要課題を記載する。開発ステップの目標は、設計ステップにおいてステップを跨ぐ手戻りを発生させないことにあるので、重要課題については「品質機能展開(QFD)」、「仕様横並べ表」、「機能横並べ表」、「FMEAシート」などから、漏れなく抽出する。

フェーズ3：開発ステップ

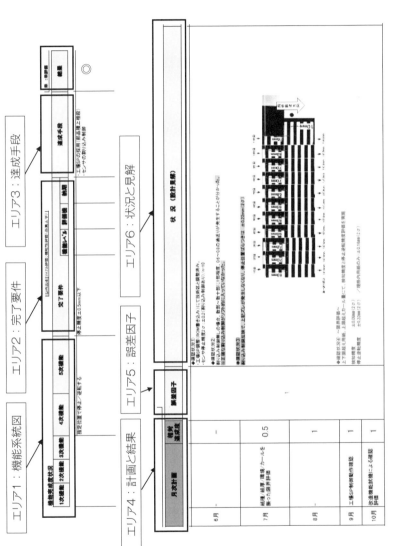

図 5.8　品質機能完成度表

(2) エリア2：完了要件

完了要件は、開発ステップにおいて具体的な機能を構成する機構が明確になった時点で設定する。最初に最終形を具体的に設定することで、その途中経路である検討項目やその計画が具体的になる。逆にスタート時点での技術の解明度の低い機能は具体性に欠ける表記にならざるを得ず、重点管理が必要である。また要件はなるべく具体的な数値で記載する。

(3) エリア3：達成手段

完了要件が明確に設定されると同様、達成手段も明確に設定されるべきである。設計における要求仕様に落とし込めるまで具体的に、構成、仕様値、管理ポイントなどが設定される。合わせてその仕様が確認できるよう、計測手段も決定しておく。

(4) エリア4：計画と結果

結果については、一目でわかるよう、◎・○・△・×や赤黄青信号など、記載方法を取り決めておく。合わせて当初の進捗計画を記載しておき、計画に対する進捗を相対達成度(5.3節にて解説)として記載する。

(5) エリア5：誤差因子

技術の解明度の評価は「ばらつき」を用いて評価する。ここで、「品質工学」を適用し、「ばらつき」に対するロバスト性を評価する。そのため、システムに対する誤差因子(外乱)をあらかじめ決めておくことが必要である。

(6) エリア6：状況と見解

品質機能完成度表は、開発ステップ以降の技術および品質のつくり込み状況のマネジメントを行う最も重要なツールである。また、日常的なメンバー間の状況確認や報告資料にも用いられる。報告書を一元化することで、資料作成にかかる時間や手間の削減を図っている。

フェーズ3：開発ステップ

> **ポイント**
> - 「品質機能完成度表」などを用いて、重要技術課題の技術解明を行う。
> - 基本機能の誤差因子(外乱条件)に対するロバスト性の確保を目標とする。

手順6　開発ステップゲートへの落とし込み

　開発ステップにおけるゲートの考え方は、「ビジネスレビュー」、「商品性レビュー」、と「プロジェクトレビュー」に分類される。

　① ビジネスレビュー

　企画ステップの「売れるか」という観点をさらに精査し、ビジネス面からの意思決定を行うものである。営業キャッシュフロー(CF)や投資CFを予想・算出し、投資の経済性を審査する。

　② 商品性レビュー

　マーケティングの観点からの審査であり、環境分析や顧客分析、競合性分析から商品の市場訴求力の見積りを審査するものである。

　③ プロジェクトレビュー

　プロジェクトを成功に導くための課題を抽出するものである。開発ステップの開発完了審査において重要な技術課題が解明されたことを受けて、QCDの確定を行うとともに、システム全体の設計を行う設計ステップにて想定される技術課題への対応を審査する。

> **ポイント**
> - 開発ステップのステップゲートは、「ビジネスレビュー」、「商品性レビュー」、「プロジェクトレビュー」からなり、プロジェクトとしてのQCD確定に向けた詳細な審査を行う。

第5章　PQMのフェーズ2〜4：各ステップの実施手順

フェーズ4：設計ステップ

　設計ステップでは、開発ステップの完了として、以後大きな手戻りが発生しないことが担保されたことを受け、プロジェクトチームとして量産開始に向け、具体的な商品設計と評価を行う。

　設計ステップにおける目標は前述したように、「商品QCDを確保する」ことであり、これに向けたさまざまな管理手法が必要である。ここでは特にPQMにおけるプロジェクトのパフォーマンス管理の手法について解説する。

　設計ステップのワークフローを図5.9に示す。

　設計ステップの開始に当たって実施される設計構想は、開発ステップにおける開発構想に相当するものであり、設計ステップにおいてどのような活動を行うことでプロジェクトを設計ステップゲートに導き、完了させるかを検討し、計画に落とし込むものである。開発ステップにおいては、重要技術の解明を行うという目的から、検討領域は課題となるモジュール周りの構成に限定されていた。しかしながら、設計ステップはシステム全体を量産に持ち込むための設計検討のステップであり、すべてのモジュール、部品、ソフトウェアを実際に試作・検証する必要がある。

　設計ステップのフローは大きく、品質マネジメントプロセスの領域に属する①品質検証フロー、プロジェクトマネジメントプロセスの領域に属する②ものづくりフロー、③同時設計フロー、④プロジェクト管理フローの4つの設計フローに分類される。

（1）品質マネジメントプロセス領域のフロー：①品質検証フロー

　品質検証フローは開発ステップから継続する品質マネジメントプロセスの流れに位置づけられる。開発ステップではすべてのシステムを設計・検証しているわけではないため、開発ステップの残課題や設計ステップにおける各種活動の中で発生する新たな問題への対応が必要である。

フェーズ4：設計ステップ

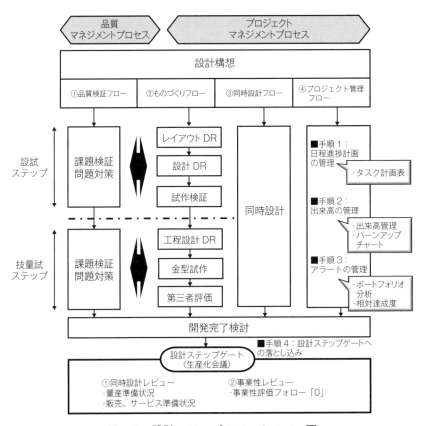

図5.9　設計ステップのワークフロー図

(2) プロジェクトマネジメントプロセス領域のフロー
1) ②ものづくりフロー

ものづくりフローは設計から量産に至るシステム全体のものづくり活動のフローである。設試ステップの前半においては、設計構想を行った後、レイアウトDR(設計ステップ)にて全体システムの構成を決定し、設計DRにて詳細な部品仕様までの設計を行いそのデザインレビューを行い、有識者の知識を取り込みながら精度を上げたうえで設計試作を行う。後半には量産に向けた量産準

備段階としての工程設計 DR の実施、金型を使った量産同等の試作の実施、品質保証部門による第三者評価(お客様の使われ方に基づく評価)を行う。

2) ③同時設計フロー

同時設計フローは、プロジェクトに参加する各部門が設計ステップ以降に具体的な活動を同時に行っていく設計フローである。設計ステップゲートの完了後の量産開始や販売開始のXデーに向けて、全部門が連携しつつ並走する必要がある。リコーグループにおいては、そのしくみを「同時設計標準」として定めている。

3) ④プロジェクト管理フロー

プロジェクト管理フローは、プロジェクトのすべての活動を統制しながらパフォーマンス管理を行い、プロジェクトのアウトプット品質を高めていく活動である。

> **ポイント**
> - 設計ステップのフローは大きく、品質マネジメントプロセスの領域に属する①品質検証フロー、プロジェクトマネジメントプロセスの領域に属する②ものづくりフロー、③同時設計フロー、④プロジェクト管理フローに分類される。

以下、設計ステップの特徴であるプロジェクト管理フローにおける手順と用いられる手法について解説する。

手順1　日程進捗計画の管理：タスク計画表

プロジェクトのパフォーマンス管理として一般的なものは「日程進捗管理」であろう。プロジェクトを横並べして、PM(プロジェクトマネージャー)が「オンスケジュール」、「日程遅れ日数」などを報告するスタイルの報告会が多い。

PQMを導入するに当たり、従来行われてきた日程進捗会議の不具合を調

フェーズ4：設計ステップ

査・整理したところ、次のようなものが挙げられた。
① 日程計画の根拠が不明確
② 関連部署間の整合が不十分
③ プロジェクトの流れの把握が不十分
④ 機能部署とPM部署の視点の差異

PIMBOKにおいては、WBS(Work Breakdown Structure)として作業計画を細分化し、統合日程をつくることとしている。しかしながら、汎用的な共通の指針であることから統合日程の作成方法に関する具体的な取決めはなく、当社においても運用が不十分であった。

特に日程計画の検討が不十分で精度不足のまま開発がスタートすると、当然のごとく至るところで不整合が生じる。当事者の日程に対する信頼度・納得度が低いとリカバリー日程の計画もまた精度が低くなるという、負のスパイラルに陥ることとなる。

このような不具合をなくすために、まず「タスク」の定義を以下のように明確にすることから始めることとした(図5.10)。
① タスクにおけるIN条件とOUT条件を必ず明確にする。
② タスクを生産分野における工程(プロセス)と同じに考え、「1プロセス・1デシジョン」、すなわちタスクごとの完了要件を明確にする。
③ タスクの期間をおおむね統一して設定する。

このような考え方は、生産分野におけるトヨタ生産方式(TPS)の「自工程完

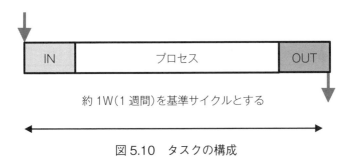

図5.10　タスクの構成

第5章　PQMのフェーズ2〜4：各ステップの実施手順

結」[5]、すなわち工程1個流しを前提にして各工程（1プロセス）が検査・保証（1デシジョン）をすることで、不具合や手戻りの拡大を防ぐ考え方を設計領域に横展開したものと考えることができる。

また、図5.11に示すように、生産工程においては、ラインバランスの悪さによりサイクルタイムがボトルネック工程（工程2）のスピードに律速されるため、仕掛り待ちや加工待ちなどのムダ時間が発生することになる。このような

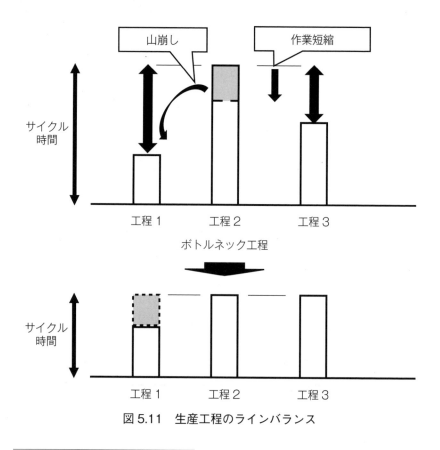

図5.11　生産工程のラインバランス

5）　佐々木 眞一著：『自工程完結—品質は工程で造りこむ』、日本規格協会、2014年

フェーズ4：設計ステップ

ケースでは、最も時間がかかるボトルネック工程である工程2の作業を分割し、工程1に振り向けることや工程2自体の加工時間を減らす、いわゆる「山崩し」を行うことでラインバランスを改善し、サイクルタイムを短縮することにより、仕掛り待ちや加工待ちを減らすことが行われている。

プロジェクトの進捗管理においても同様の作業ロスが発生する。図5.12はプロジェクトに日程管理において用いられる、「PERT図（アローダイヤグラム）」である。各矢印のようにタスクの日程にばらつきがあると、ノード2（図中②）において最大55.9日の手待ちや、ノード3（図中③）において最大55日の手待ちが発生することになる。プロジェクトマネジメント上は図中①→⑥→⑦→④→⑤となる「クリティカルパス」を明確にし、管理することでプロジェ

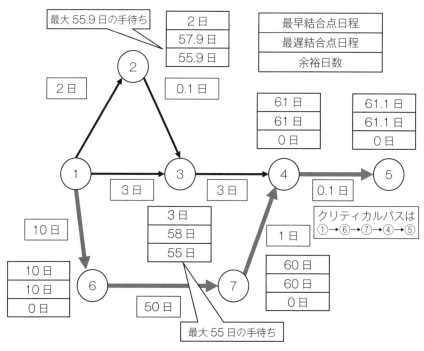

図5.12　プロジェクトのPERT図

第5章 PQMのフェーズ2～4：各ステップの実施手順

トの作業遅れのリスクを減らすことが強調されるが、手待ち時間を放置すると全体に生産性が低下することになる。

　以上を鑑みて、p.65で述べた①から④の日程進捗会議の不具合に対する改善を以下のように行うこととした。

(1)「①日程計画の根拠が不明確」への対応

　タスク計画については、担当メンバー自身が計画を作成し、関連部署を含む機能組織、プロジェクト関連組織と整合して決定する。重要な点は、担当自身が完了要件を設定するため、日程計画に対する責任意識が高まることである。人は誰でも"やらされ仕事"に関するモチベーションは低く、完了の約束が守れなくても、「入力条件が守られなかったから」などと言い訳をする傾向がある。自身が設定した完了要件に照らし合わせてタスクの完了を判断しながら進めることで、自己決定感として内発的動機づけが高まることになる。

(2)「②関連部署間の整合が不十分」への対応

　完了に対して影響を与えるタスクを明確にすることで、プロジェクトの流れが明確になる。筆者の経験上、自ら設定したタスクの連鎖の中で不具合が発生することは少なく、他の部署のタスクとの整合が不十分なまま、見切りでスタートする場合に不具合が発生しやすい。自分のタスクのアウトプットは誰のどのタスクに影響を与えるかを知って作業を行うことで責任感が生まれ、タスクの質が高まることになる。

(3)「③プロジェクトの流れの把握が不十分」への対応

　PQMにおいては、「プロジェクトの良い流れ」を組織の全員が理解・共有して行動することが重要である。この理解なしにタスク計画を策定するとムダが放置され、生産性の向上につながらない。タスクの間隔をおおむね統一することで、クリティカルパスに対する余裕日数の発生するタスクの担当メンバーは自ら調整して他のタスクの「山崩し」をして待ち時間を埋めるような計画を

フェーズ4：設計ステップ

作成するようになる。その結果、組織の全員がプロジェクトの流れをいかに早めるかを常に意識して作業を進めることができるようになる。

(4)「④機能部署とPM部署の視点の差異」への対応

マトリクス組織型を採用したプロジェクトの運用において問題になりやすいのは、機能部署とPM部署間の運営スタイルの差により二度手間が発生することである。プロジェクトにおいてマトリクス型組織を採用するメリットは、いわゆる分業体制により効率が高まることであるが、実際に運用をし始めると、いわゆる「2ボス制の不具合」といわれる指揮命令系統の複雑化による悪影響が発生する。

具体的には、機能面からのつくり込みレベルをベースに報告を求める機能部署と、日程面からの進捗報告を求めるPM部署間での異なる報告スタイルへの対応が必要となり、二度手間による効率低下のほうが分業化による効率向上を上回ってしまうケースが多い。

PQMにおいては、すべての進捗報告はタスク管理を基準に行うことになっており、マトリクス型組織の不具合が発生しないよう考慮されている。

図5.13に、タスク計画表のイメージ図を記載している。各タスクはおおむね1W（週間）を基準に設定されており、親タスクに対して子タスクが派生するような構成もある。基準が1W（1週間）であるのは、当社においては設計ステップの日程が約1年であることから設定した。プロジェクトサイズや期間によっては、3日くらいで設定するほうが良い場合もある。

> **ポイント**
> - プロジェクトの日程進捗管理に「タスク管理表」を用いる。
> - タスクはIN/OUTをもつ1プロセスであり、完了要件をもつ。
> - 設計者は自らの計画をタスク表として作成し、管理する。

第 5 章　PQM のフェーズ 2～4：各ステップの実施手順

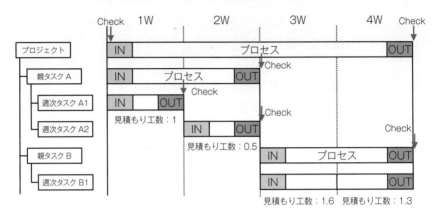

図 5.13　タスク計画表のイメージ図

手順 2　出来高の管理： 出来高管理（EVM） 、 バーンアップチャート

　PQM においては、プロジェクトのパフォーマンス管理を出来高管理（アーンドバリューマネジメント：Earned Value Management、EVM）により行う。

（1）　出来高の管理とは

　プロジェクトのパフォーマンス管理は通常、タスク管理表や作業にかかった実績工数の日程計画に対する進捗を管理する場合が多い。しかしながら、作業量を計画値と比較するだけでは、作業が計画どおりに完了しているのか、また作業に余裕があるのか遅れているのか、あるいは期限までに間に合うのか、を把握するのは難しい。

　そのため PQM においては、「出来高（Earned Value）」という管理指標を導入し、その計画と実績を「バーンアップチャート」に表して「出来高管理」を行う。目的は、極力手間や個人差のない方法で日程計画に対する進捗を収集・算出し、計画に対する先行度合や遅れ度合を時系列の流れとして把握することである。

　時系列で進捗を把握することにより、時点の情報ではなく「過去からの計画

フェーズ4：設計ステップ

の乖離に対してさらに遅れが累積し危険状態にある」、「遅れの兆候が見られる」、「どれだけリカバリーすれば期限までに間に合うか」などを視覚的に捉え、早期に対策を打つことが可能になる。

(2) バーンアップチャート（計画線）の作成

① 全体計画の中の特定の期間（ステップなど）のゴールに対してプロジェクトタスクを親タスク（必要に応じて子タスク）・週次タスクにまで分解する。
② それぞれのタスクの開始時期、終了時期、完了要件を設定し、必要な工数を見積もる。
③ 縦軸を工数、横軸を時間とし、計画累積工数および合計工数のグラフを描く。

図5.14に、バーンアップチャート（計画線）作成のイメージ図を示す。

	1W	2W	3W	4W
計画工数 A1	1			
計画工数 A2		0.5		
計画工数 B1			1.6	1.3
計画工数 合計	1	0.5	1.6	1.3
計画	1	1.5	3.1	4.4

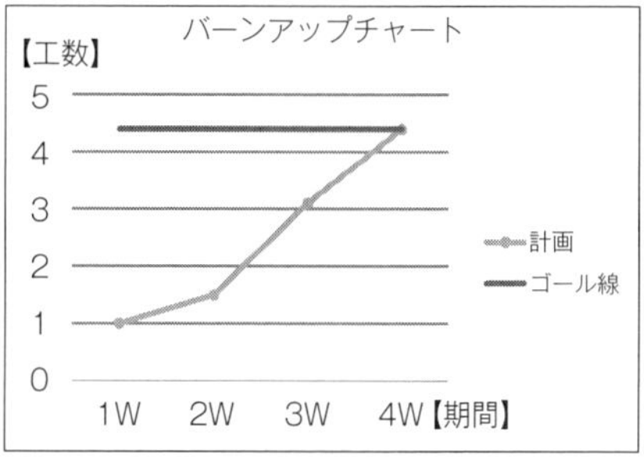

進捗率	100%	100%	10%	
実績工数 合計	1	0.5	0.16	0
実績	1	1.5	1.66	

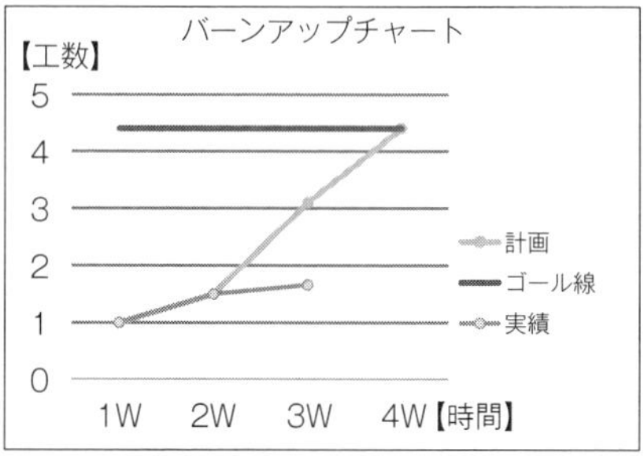

図5.14 バーンアップチャート（計画線）の作成イメージ

第5章　PQMのフェーズ2〜4：各ステップの実施手順

(3) 出来高の算出方法

計画に対して現時点までに完了した成果を出来高として定義し、以下の計算式で求める。

　　　出来高＝計画工数×進捗率

PQMにおいては、進捗率に関して「固定比率計上法」を用いて集計・算出することとしている。具体的には、各タスクに対する週次の進捗状況を「未着手」、「着手」、「完了」の3分類のみとしている。すなわち進捗率は、

① 未着手時：0%
② 何らかの着手時：10%
③ 完了時：100%

の3種類から選択することとなる。

一見すると、「これでは精度が低くなるのではないか」という懸念が生じるかもしれない。しかしながら、判断基準を多くすると、それだけ個人差が生じる、作業者の想いなど主観的な要素が入り込む、などにより精度が落ちることになる。PQMにおいては、各タスクを細分化することによる多量の進捗率の値を集計することにより、担当者やリーダーのばらつきのない、必要精度の進捗率が手間をかけずに収集できるようなしくみとしている。

(4) バーンアップチャート(実績線)の作成

① 設定された週次の進捗集計タイミングで担当者と組織リーダーがタスク管理表に進捗率を入力する。
② 現時点で達成していなければならない出来高(＝計画工数×進捗率)が算出される。
③ 組織ごとの集計、全体の集計を行い、バーンアップチャート(計画線)のグラフに実績線(累積線)をプロットする。

図5.15では、上側の横線がゴール線となり、ゴールに向けてS字状の計画線が引かれている。出来高の線が計画線より下回っていれば遅れていることになり、上回っていれば計画より進んでいることになる。バーンアップチャート

フェーズ4：設計ステップ

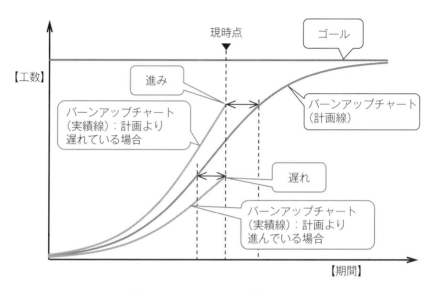

図5.15 バーンアップチャート

を用いることにより、単に遅れている、進んでいるだけでなく、どれくらい遅れているのか、進んでいるのか、そして線の傾きを見ればタスクのスピードも確認することができる。これにより、いつまでにどのようなスピードで作業を進めていけばよいかを知ることができ、途中で計画が変更になった際（例えば、急な仕様変更が入ったなど）には、タスク総量の変化も確認することができる。

> **ポイント**
> - プロジェクトのパフォーマンス管理に「出来高管理（EVM）」を用いる。
> - 「バーンアップチャート」を用いて出来高で表すことにより、タスクのスピードと遅れ・進み日程が把握できる。

手順3　アラートの管理：ポートフォリオ分析、相対達成度

(1) ポートフォリオ分析導入の目的

　対象プロジェクトが少なければ、出来高をグラフ、数値だけで見て状況を把握することができるが、当社は対象とするプロジェクト数が非常に多いため、「ポートフォリオ」を用いることで多数同時に開発しているプロジェクトを可視化することができるようにしている。具体的には、縦軸を工数差異(計画工数－実績工数)、横軸を出来高差異(計画していた累積出来高－実績の累積出来高)としプロットすることで、複数のプロジェクトを一覧で容易に可視化、状況把握することができることになる。

(2) ポートフォリオを使った管理

　工数差異はマイナス方向(図中上方向)ほど良く、出来高差異はプラス方向(図中右方向)ほど良い。したがって、プロットされる点が第一象限に近づくほど効率良く開発ができている状態といえる(図5.16)。

(3) 相対達成度導入の目的

　日程(D)の管理を主目的とした出来高とは別に、品質(Q)の管理指標として日程インジケータと絶対達成率を使った「相対達成度」を設定し導入した。目的は、進捗時点でのレビュー達成数や仕様達成数だけを見ても納期内に品質目標が達成可能かの判断が難しいため、客観的に判断できるようにすることである。

(4) 相対達成度の算出方法
1) 絶対達成度

　品質を達成するうえで達成しなければならない項目が50あるうち、現時点で40項目完了している場合絶対達成率は $40 \div 50 \times 100 = 80\%$ となる。すなわち、絶対達成率は計画に対する達成度合いとして、

フェーズ4：設計ステップ

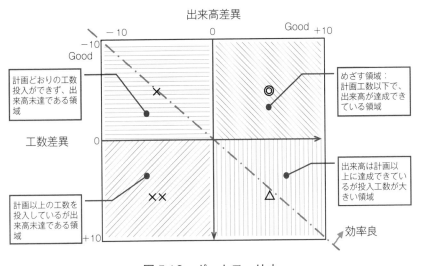

図 5.16　ポートフォリオ

$$絶対達成率 = \frac{実績項目数}{計画項目数} \times 100 \quad (\%)$$

と表せる。ただし、この指標では達成した項目の割合はわかるものの、プロジェクトが納期までに完了できるのか、余裕があるのか、ということを知ることができない。そこで絶対達成率に日程に関する係数を加えることにより、現時点での進捗で適切であるのかを判断する。

2) 日程インジケータ

ステップのスタート日から完了予定日（ステップの決裁日）に対する、現時点の日程係数は、日程インジケータとして、

$$日程インジケータ = \frac{開始日から現時点までの日数}{開始日から完了予定日までの日数} \times 100 \quad (\%)$$

で表せる。例えば、開始日から完了予定日までの日数が100日、現時点が開始日から30日経過していたとすると日程インジケータは $30 \div 100 \times 100 = 30\%$ となる。

第5章　PQMのフェーズ2〜4：各ステップの実施手順

表5.7　相対達成度のアラート基準

アラート色	アラート基準
青信号（通常）	1以上
黄信号（注意）	（日程インジケータ÷2）+0.5以上〜1未満
赤信号（危険）	0〜（日程インジケータ÷2）+0.5未満

3）相対達成度の算出

相対達成度は、絶対達成度と日程インジケータの比として以下の計算式から算出できる。

$$相対達成度 = \frac{絶対達成率}{日程インジケータ}$$

相対達成度は常に「1」以上が目標となり、**表5.7**のようにアラート基準を設定し、信号の色で表している。完成予定日が近づくにつれ、黄色（注意）のアラート領域は減り、1を下回るとすぐに赤色（危険）のアラート領域に来ることになる。

図5.17に、絶対達成度、日程インジケータのグラフ、および相対達成度とアラート領域を示す。スタート時に相対達成度0.5であった黄信号（注意）と赤信号（危険）との境界は、完成予定日が近づくにつれて上昇し、完成日直前には1を若干下回るだけで赤信号、すなわち要管理状態となる。

> **ポイント**
> - プロジェクトのアラート管理として「ポートフォリオ分析」を用いる。
> - 工数軸と出来高軸で余力管理を行う。

手順4　設計ステップゲートへの落とし込み

設計ステップにおけるゲートの考え方は、「同時設計レビュー」、「事業性レ

フェーズ4：設計ステップ

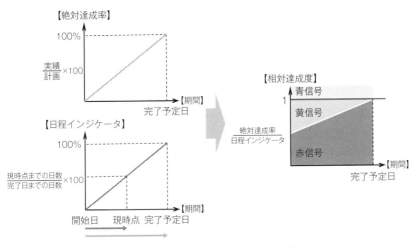

図5.17　相対達成度のアラート領域

ビュー」に分類される。
① 同時設計レビュー
　関連部署で行ってきた同時設計活動の量産開始に当たっての最終状況の審査を行うものである。量産準備を行う生産部門は「プレ量産」を行うなどの、量産準備の最終確認状況を説明し、販売・サービス部門は量産に続く販売・サービスに向けた準備の状況を説明する。大事なことは、表面的な準備完了を謳うことではなく、さまざまな障害に対して知恵を出し合って補完をし合い、全体として万全を期すことであり、これが同時設計のポイントである。
② 事業性レビュー
　量産開始を起点とし、その後(年度ごとなど)継続的に実績やフォロー状況の審査を行うものである。量産後の外部・内部の環境変化に対してフレキシブルに対応できるよう、ビジネス上の各数値の推移を捉えておくことがポイントである。

第5章　PQMのフェーズ2〜4：各ステップの実施手順

> **ポイント**
> ・設計ステップのステップゲートは、「同時設計レビュー」、「事業性レビュー」からなり、事業性レビューは量産後もフォローを行っていく。

第6章

PQMの実践事例

　本章では、PQMを適用した実際のプロジェクトにおける実践活動の流れを、具体的な事例を用いて解説する。

第 6 章　PQM の実践事例

6.1　事例商品の紹介

事例商品 1：針なし綴じフィニッシャー

　針なし綴じフィニッシャー(以下、A 機という)は、2015 年に発売された、中速 MFP(毎分 25〜50 枚出力)向けの後処理周辺装置である。従来から研究レベルで金属製の針を使わずに転写紙を綴じる技術の開発を行ってきた中で、省資源、安全性、分別の簡易性を謳う商品として、MFP の周辺装置として世界初の針なし綴じ機能を提供した商品である(図 6.1)。

事例商品 2：小型紙折り装置

　従来、大型の高速 MFP および印刷装置向けに、二つ折り・三つ折り・四つ

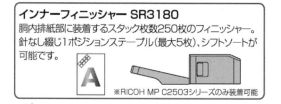

(出典)　㈱リコー　商品カタログ(2015 年)

図 6.1　針なし綴じフィニッシャー

折り・Z折りと、多彩な折り機能を有する紙折り装置を提供してきた。2016年に商品化した小型紙折装置（以下、B機という）は、この機能に新しい技術を採用することで、小型・低速MFP（毎分15〜25枚出力）クラスの胴内フィニッシャーの場所に、大型・高速MFP向けの多彩な折り機能を周辺装置として提供する、というまったく新しいコンセプトの商品を、従来機に比べ、大きさ1/10、コスト1/8、品質2倍という圧倒的な顧客価値で提供した装置である（図6.2）。

> **ポイント**
> ・主に針なし綴じフィニッシャー（A機）、小型紙折り装置（B機）を事例に用いて解説する。

6.2 PQMによる「企画ステップ」の実践事例

6.2.1 ローリング活動と企画調査活動の実践事例

　図6.3に、PQMにおける企画ステップのワークフロー図を再掲する。
　ここでは、A機を事例に用いて企画ステップにおけるローリング活動と企画調査活動の実践の流れを説明する。
　「針を使わずに紙を綴じる」という要素技術開発は、商品開発とは別個に、ローリング活動における技術戦略の中で管理され、開発が進められていた。
　「優れた体験価値を提供する」という基本方針のもとでどのような商品として実現するかについて、企画調査活動の中でインタビュー、アンケート調査が繰り返され、この製品のねらうポジショニングが明確になってきた。すなわち、食品業界や学校などで「安全性」のニーズが高いことが見えてきた。また、一般オフィスにおいても新しい機能としての訴求度合いは高く、一刻も早い商品化が必要と判断された。

第6章　PQMの実践事例

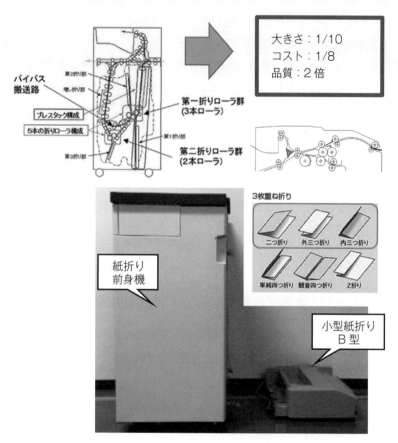

図6.2　小型紙折り装置(B機)

　ここで、機械サイズは、プリンターかMFPか、提供形式は、とさまざまな仕様因子を振り、コンジョイント分析を行いつつ、以降の開発に当って関係者の意識にブレが生じないよう、ターゲットを絞り込むために「ペルソナ」を作成することとなった。

6.2 PQMによる「企画ステップ」の実践事例

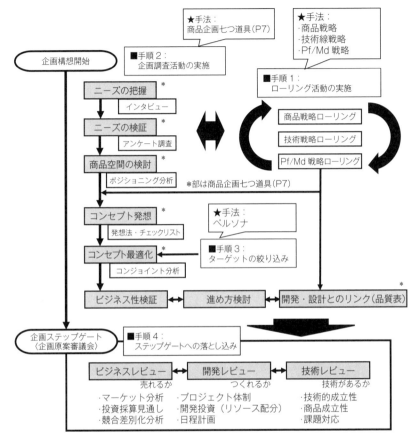

図6.3 企画ステップのワークフロー図(再掲)

> **ポイント**
> ・毎年の分野戦略のローリングとお客様の声の調査より探索を行なった。
> ・アイデアのコンジョイント分析により、具体化・最適化し絞り込んだ。

6.2.2　針なし綴じフィニッシャーの「ペルソナ」の実践事例

　イメージするターゲットは、「幼稚園に子供を通わせる食品業界の女性課長」と設定した。「食品の安全管理に関する責任者である女性課長は、子供の幼稚園の配布資料から、安全性の配慮により針綴じがなくなったことを知る。オフィスの身近な MFP への置換えから効果や使い勝手を実感し、自社の全世界の食品工場・流通から針綴じを置き換えるよう提案書を作成する」というストーリーの「ペルソナ」を作成し、開発・設計・生産・営業・広報などのメンバーと共有し、最終的にプロモーションでの訴求にも反映した。表 6.1 に A 機において作成したペルソナの一部を示す。

> **ポイント**
> - ターゲットの「ペルソナ」を設定することで、商品のねらいを明確にした。
> - 関連メンバーとの意識の共有化を図った。

6.2.3　企画ステップゲートへの落とし込みの実践事例

　このようなコンセプトのもとで A 機に必要な機能を、「機能系統図」を用いて、1 次機能、2 次機能、3 次機能と落とし込んでいった。企画ステップのゲートにおいては、「売れるか」、「つくれるか」、「技術があるか」をベースとした企画原案仕様書を作成し、各部門を代表するゲートキーパーがレビューを重ね、最終決裁をする。決裁においては、一度で「できる／できない」を決めることはできない。その過程において衆知を尽くして、「原石を磨き上げる」態度で各ゲートキーパーは参加し、決裁に持ち込んだ。

　表 6.2 に、A 機において企画ステップゲートへ落とし込みを行った際の討議事項の事例の一覧を示す。検討は定性要因と定量要因の両面から行った。

6.2 PQMによる「企画ステップ」の実践事例

表6.1 針なし綴じフィニッシャーのペルソナ

ターゲット=「ペルソナ」の設定		
①名前	町田 詩織	まちだ しおり
②年齢/性別	36歳/女性	一人娘
③職業	外資系食品会社 経営企画統括部長	29歳で日系飲料販売会社から転職、33歳で昇格 3チーム、20人の部下を統括
④年収	1100万円	年収分布上位0.8%
⑤既婚・独身	既婚(夫は外資系医薬品会社研究職)	結婚は6年前(30歳)、子育て・仕事の両立をめざす
⑥子供の有無、年齢/性別	3歳 男の子、2年以内に第二子を希望	一人っ子のため、子供は2人欲しい 子供への想い(こだわり)が強い、教育、健康、食事
⑦居住場所、タイプ	自宅、マンション	4年前に購入(8,000万円)、都内、通勤40分
⑧車の有無、タイプ	有り、ワゴン	夫はアウトドア志向、妻も保育園への送迎に使用
⑨休日の過ごし方	アウ…	ターゲットが考える良いもの
		商品に価値を求める。健康、安全、教育、環境、キャリア、お金 健康：家族の健康、食事の質(オーガニック系知識)、子供の食には添加物等を意識する。 安全：子供が生まれて安全への興味が増す、運動：夫はヨガ教室に通う、妻はココ力教室に通う、運動のこだわり。環境：地球環境を意識する、省エネ、省資源の商品を優先して買いた い。
⑩好きなブランド	夫：… 妻：…	商品を買う「動機」・「決め手」
		アウトドア志向から商品の装飾価値を省いた本質機能価値を意識した購買性向がある。シンプルな機能性が商品購入の決め手になる。子供の安全・安心に繋がるものを最初に考慮する。環境配慮商品か否かが大きな判断ポイント。会社の中でも消費者の食への安全性を訴求した商品Wを中心に企画を進めている。
⑪好きな雑誌、TV、映画	夫：… 妻：…	お金とサービス・商品の関係
		健康、安全、教育、環境への配慮、意味づけがあればお金を払う。体に入るもの(食品)、体のメンテナンス(運動、マッサージ)、ストレスの解消等には積極的に価値を見出す。
⑫好きな音楽	クラ…	

85

第6章　PQMの実践事例

表6.2　針なし綴じフィニッシャーの企画完了ゲート討議項目

			針なし綴じフィニッシャーの企画ステップの検討事項（定性／定量）	
売れるか	対象市場	顧客提供価値の大きさ		針なし機能要求ユーザー層の見積り値
		市場規模と成長性		新規顧客取り込み（層×率）
		抽出された市場の生の声		ヒヤリング結果、顧客満足度調査
		競争環境	業界利益率	業界利益率推移
			獲得可能シェア	競争優位性分析
	対象事業	顧客ニーズの大きさ		省資源、省エネニーズと購買相関
		顧客ニーズの充足価値		提供顧客分析、購買ドライバー分析
		自社製品群との補完関係		競合ラインアップと自社カバー分野
		ビジネスモデル（勝筋ストーリー）		新しい購入ドライバーへの訴求（働く女性）
作れるか	自社能力適合性	生産技術力		従来生産技術の流用性
		調達力		新規部品調達先の確保見込み
	他社補完性	外部リソース		特になし
技術的見通しは立ったか	自社能力適合性	自社中核技術との適合性		針綴じとの共存、選択可能
		競合他社とのポテンシャル評価		競合他社特許分析
	他社補完性	技術アライアンスの可能性		特になし

6.2 PQMによる「企画ステップ」の実践事例

> **ポイント**
> - 「売れるか」、「つくれるか」、「技術があるか」についてゲートキーパーのレビューを受け、企画ステップのゲート判定を行った。

6.2.4 企画ステップにおける PQM の効果

　PQMにおける企画ステップでの実践内容は、お客様のニーズを見つけて商品企画に落とし込むといった意味では従来のやり方と大きく変わるものではない。しかしながら、PQMにおけるこだわりは、「優れた体験価値」を導き出しているかどうかにある。

　この意識がないまま、ルーチン作業として企画ステップを行うと、単に競合他社とスペックを横並べ比較して、「競合(商品)に負けている機能を他社並み以上にして」といった味気ない企画になってしまう。営業区も「売れない理由」として負け仕様にこだわって改善要望を出す。かくして、お客様のニーズと関係ない所に時間を費やすことになり、その分開発リソースが減少することになる。

　このような弊害を避けるためには、「優れた体験価値＝お客様が望む以上の機能」、すなわち「感動品質」を提供するという強い意識を共有し、商品に落とし込まなければならない。従来 BtoB 商品として仕様比較に流れがちであった画像機器の周辺装置において、A機について「ペルソナ」を使い思い切ったターゲットの絞り込みを行うことで、「安全と省エネ・省資源を身近で実感できる」という新しい体験価値を導き出すことに成功し、2015年度省エネ大賞受賞[1)]への大きな原動力となった(図 6.4)。

　そしてさらには、これを組織文化や組織風土にしなくてはならない。PQMを通じて No.1 商品を出し、ねらいと世の中への貢献が評価され省エネ大賞を受賞したことで、開発・商品化担当メンバーの意識は高まり、さらに高い目標を掲げて次の商品開発に向かうなど、プラスのモチベーションのサイクルが

第 6 章　PQM の実践事例

（出典）　㈱リコー HP（リコー公式チャンネル）より

図 6.4　省資源を訴求するプロモーション

回る組織風土へと改善が進んでいる。

> **ポイント**
> ・企画ステップにおいて「優れた体験価値」と「感動品質の提供」の高い目標を掲げることで、さらに高い目標をめざすスパイラルが生まれた。

---

1) デジタル複合機「RICOH MP C2503/C1803 シリーズ」（2013 年 12 月発売）は、（一財）省エネルギーセンター主催　平成 26 年度「省エネ大賞」の製品・ビジネスモデル部門において「省エネルギーセンター会長賞」を受賞した。受賞理由は、独自の「カラー QSU 定着技術」の搭載や低融点トナーなどの省エネ技術による業界トップクラスのエネルギー消費効率、周辺装置で業界初の針なし・自動で綴じられる「インナーフィニッシャー」による省資源と紙のリサイクルへの貢献、である。
https://jp.ricoh.com/release/2015/PDF/0119_ECGPrize1.pdf

6.3　PQMによる「開発ステップ」の実践事例

6.3.1　開発ステップにおけるワークフローと実践事例の体制

　開発ステップにおけるワークフローを図6.5に再掲する。

　A機・B機の商品化における企画ステップは、企画区・PM（プロジェクトマネージャー）区が中心となり、営業区や開発設計区を集める原始的なプロジェクトの形態であった。開発ステップからは、関連部門のメンバーが横串で集められる基本的なプロジェクト体制として見直しを行った。

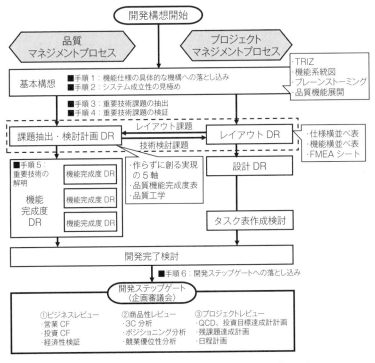

図6.5　開発ステップのワークフロー図（再掲）

第6章　PQM の実践事例

参加関連区		企画区	PM区	営業区	開発区	品質保証区	生産準備区	VA区	知財区	デザイン区	サービス区	資材調達区	その他
プロジェクトA機／B機	企画ステップ	○	○	○									
	開発ステップ	○	○	○	○				○	○	○		
	設計ステップ	○	○	○	○	○	○	○	○	○	○	○	○

図 6.6　各ステップにおける参加関連区

図 6.6 に、A機(針なし綴じ装置)、B機(小型紙折り装置)の各プロジェクトにおいて実際に各ステップにて参画した関連部門を記載する。

> **ポイント**
> ・A機・B機の商品化における開発ステップでは、関連部門のメンバーが横串で集められる基本的なプロジェクト体制として見直しを行った。

6.3.2　機能仕様の具体的な機構・動作への落とし込みの実践事例

ここでは、開発ステップのワークフロー(図 6.5)における最初の手順(手順1)である、「コンセプトレベルの機能仕様を具体的な機構へ落とし込む」の実践事例を、B機(小型紙折り装置)を用いて説明する。

B機においては、TRIZ を適用することで、今までにない独創的な機構・動作に落とし込むことができた。

前述した『革新的課題解決法』(長田洋編著、日科技連出版社)に基づく課題解決のフローを図 6.7 に示す。

TRIZ の適用は、2つの段階に分けることができる。第一段階は、開発の上流段階における適用、すなわちお客様の声を要求機能に落とし込む段階であり、「要求機能領域」と呼ぶ。第二段階は、機能を具体的な設計に落とし込む段階

6.3 PQMによる「開発ステップ」の実践事例

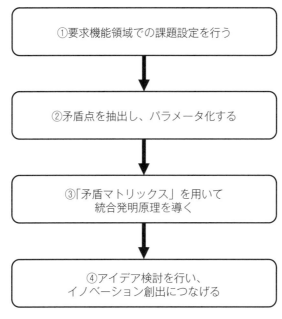

図6.7　TRIZ適用の流れ

であり、「設計案領域」と呼ぶ。B機の開発ステップにおいて、「要求機能領域」での検討を以下のように行った。

(1) 要求機能領域での課題設定を行う

お客様の声は通常曖昧であり、B機の企画ステップにおいて収集した「市場の生の声」では「きっちりきれいな折り目で折りたい」というものであった。

このため、従来は転写紙を複数のローラー(6〜8対)に何度も通過させ折り目を形成させる方式をとってきた。しかしながらこの方式では、多くのローラーの配置のためのスペースが必要であり、コストも必然的に高いものであったにも関わらず、ローラーを通過後に転写紙に折り目が十分つかず筒状に転写紙の折り目が復元してしまうという点に、お客様の不満の声があった。

着想としては、ローラーの一対化が望ましいが、単純にローラーを一対化し

第 6 章　PQM の実践事例

ただけでは、折り品位を確保するための十分な加圧力が得られない。すなわち改善したい(すべき)具体的内容を技術の言葉で設定すると、「折り目に素早く高い圧力を加える」となった。

(2)　矛盾点を抽出し、パラメータ化する
① 　良い点と、その影響で起こる悪い点を抽出する
- 良い点：折り目に高い圧力を加えること
- 悪い点：剛性確保のため機械が大型化すること

② 　良い点・悪い点を機能パラメータに記載される固有の特性値と関連づける
- 良い点：高圧力を加える→エネルギーの量／損失
- 悪い点：機械の大型化→物質の量／損失

(3)　「矛盾マトリクス」を用いて統合発明原理を導く
「矛盾マトリクス」を用いて、複数の候補となる統合発明原理が抽出される。本事例においては 15 個の発明原理が抽出された。

(4)　アイデア検討を行い、イノベーション創出につなげる
提供される統合発明原理は、数学でいえば一般解に相当する。次に、有識者が集まりアイデア発想を行い、実際の機構・動作に落とし込む。これが求める発明、すなわち「特殊解」となる。本事例においては有識者・関連者によるブレーンストーミングを繰り返し、原理 1：分離／分割原理、原理 6：曲面原理＋原理 7：他次元移行原理を用いた原理案を創出した。その後、「設計案領域」に再度 TRIZ を適用し、最終形状を図 6.8 のように決定し、製品に採用した。

図 6.9 には、TRIZ を用いて課題に対して矛盾する要求機能を両立させるアイデアを創出する流れを示している。従来「相反する機能の折り合いをつける」という視点からローラ本数の最適化などの検討を行ってきたが、1 本ロー

6.3 PQMによる「開発ステップ」の実践事例

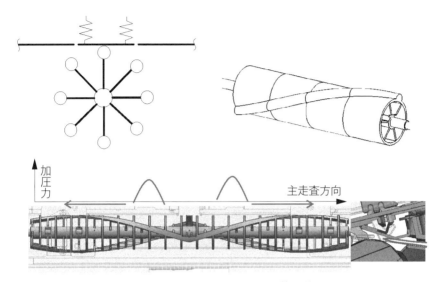

図6.8 小型折りローラの最終形態

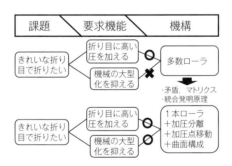

図6.9 TRIZによるアイデア創出の流れ

ラを成立させる解を具現化するための具体的な機構・動きに関する発想を得たことで、圧倒的な競争優位性(大きさ1/10、コスト1/8)を具現化できる目処が立った。

第 6 章　PQM の実践事例

> **ポイント**
> - 開発段階で「TRIZ」を用いることにより、顧客のニーズから従来の矛盾を両立させる解を導く原理を得ることができた。

6.3.3　システムの成立性検討の実践

　TRIZ を使い具体的な機構・動作への展開を行った後に、図 6.5 の手順 2「システムの成立性の見極め」に示した、システムとしての成立性の見極めの検討を行った。設計構想検討と並行して品質機能展開を行い、要求機能と品質項目との連関を明確にすることで、重要技術課題の抽出やレイアウトの検討につなげるものである。

　B 機の事例における品質機能展開表の一部を表 6.3 に示す。表の左側・縦軸は機能系統図に対応しており、基本機能から分解し、注目するモジュールや組立のブロックもしくは部品レベルを部品構成表と対応するように、1 次機能、2 次機能、と機能の展開を行っている。横軸は品質に関わる機能の要素を記載しており、強い相関がある場合には表の交点に○印を記載している。

　これにより、要求機能を具体的なレイアウト設計、すなわち機械設計や電装設計、ソフトウェアの設計に落とし込むことが可能となった。

> **ポイント**
> - 品質機能展開(QFD)を行い、要求機能と品質項目との連関を明確にすることで、重要技術課題の抽出やレイアウトの検討につなげた。

6.3.4　重要技術課題の抽出の実践

　品質機能展開(QFD)により機能と品質に関わる仕様とその連関が明確になった後に、図 6.5 の手順 3「重要技術課題の抽出」に示した、重要技術課題の

6.3 PQMによる「開発ステップ」の実践事例

表6.3 小型紙折り装置（B機）の品質機能展開（QFD）

モジュール機能展開			機能展開				品質特性展開												
							増し折りローラ									第2折り駆動部			
モジュール	組立部1	組立部2	基本機能	1次機能	2次機能	3次機能	搬送力・増し折り加圧力	ニップの最大隙間	ニップの幅（ローラ形状）	外径	ゴムの硬度	ゴムの厚さ	ゴムの摩擦係数	芯材の外径	芯材の材質	ベルトテンション	負荷トルク	キヤ比	回転数
下流排紙搬送部	増し折り部	増し折りローラ	用紙をニップに受け入れる													○	○	○	○
			用紙を下流までニップで搬送する	ローラの前後差を揃える			○		○							○	○	○	○
			折り高さを低くする	用紙に加わる圧を高くする			○	○											
				圧を加える時間を長くする	ローラの最大隙間を狭くする			○		○									
				圧を加える面積を適切にする	軸の剛性を適切にする						○	○							
					ゴム硬度を適切にする	回転速度を適切にする					○	○							
					折りローラのニップ幅を適切にする				○	○									
					折りローラを回転させる	モータを駆動させる													
						適正な摩擦係数にする							○	○					
						適正な加圧力にする									○				

第6章　PQM の実践事例

抽出検討を行った。重要技術課題の検討は、図中に示したように、品質マネジメントプロセスに関わる課題抽出・検討計画 DR の流れと、プロジェクトマネジメントプロセスに関わるレイアウト DR の 2 つの流れからなる。しかしながら、両者は独立して行われるものではなく、同時並行して進める中で、レイアウト検討の中から重要課題抽出がされたり、技術課題検討の中で議論された結果をレイアウトに反映したりと、インタラクティブに検討が進められる。

技術課題の抽出は、広く専門能力をもつ専門組織内の有識者が参加する DR 形式により行われた。品質マネジメントプロセスにおいては「課題抽出・検討計画 DR」、プロジェクトマネジメントプロセスにおいては「レイアウト DR」が繰り返し実施され、重要技術課題を明確にしながら構想の細部が詰められていった。

PQM による開発ステップにおける DR 実施の特徴は、
- 短いスパンで DR を行い、機能をつくり込む
- DR を Q-Gate（品質のゲート）として設定する

ことであり、機能のつくり込みや次の Q-Gate への移行可否を短いスパンで判断できることで手戻りの削減につなげている。図 6.10 に、A 機や B 機における実際の開発ステップにて行われた各 DR の実施状況を示す。

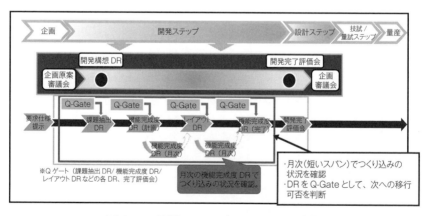

図 6.10　開発ステップにおける DR 実施

6.3 PQMによる「開発ステップ」の実践事例

　そして、さまざまな設計計算を行いながら、機械(メカニクス)面ではレイアウト図面、電気(エレクトロニクス)面ではシステム系統図、ソフトウェア面では機能仕様、システム仕様への落とし込みを進めた。その過程において、重要技術課題を拾い上げるために、①「仕様横並べ表」、②「機能横並べ表」、③「FMEAシート」の作成を行った。横並べを行う理由は、1) 課題抽出の視点の漏れをなくすこと、2) 前身機と比較することで変更点を明確にし、リスク抽出ができること、3) 自他社類似機種との比較により市場実績のある方式レベルとの比較ができること、である。

(1) 仕様横並べ表

　表6.4にB機の開発ステップにおいて作成した仕様横並べ表を示す。

　特に、「変化点」エリアに記載される前身機や自他社の類似機種に対する「開発機種」の変化点は「変更点管理」と呼び、DRBFM[2)]の考え方に基づき展開するものであり、新規設計部に関わる部分を中心にDR(GD^3)を行うことで未然防止を図るものである。

　B機においては、従来のストッパー部材への転写紙の突き当てにより折り位置を決める方式から、搬送モーターの送り量から折り位置を決める方式に変更が図られたため、紙種、折り精度、折り高さなどの多くの仕様に改善が見られている。

(2) 機能横並べ表

　上記と同様に表6.5にB機の開発ステップにおける機能横並べ表を示す。

　「横並べをして発覚した課題」エリアに、当該開発機種と前身機種、他社類似機種の間で機能ごとに横並べをした中で抽出された課題を、「発生課題」、「(課題に対応するための)評価項目」として記載した。

　具体的には、B機においては前身機と綴じ機構までに紙を搬送する機能は同

---

2) 吉村達彦著:『トヨタ式未然防止手法GD^3—いかに問題を未然に防ぐか』、日科技連出版社、2002年

第6章 PQMの実践事例

表6.4 小型紙折り機（B機）の仕様横並べ表

			開発機種 AMUR-C, C(HY)	変化点	前身機 AMUR-B, B(HY)	類似機種 VOLGA-D
1.	仕様					
2.1.1	基本仕様					
3.1.1.1		名称			該当ファイル参照のこと	該当ファイル参照のこと
4					・Metis-C2γ～ε（20PPM～60PPM）	・Metis-C2cde（DOM/EXP）：D3BA/D3BB
					他、γは正式RDA、（DOM/2a～e）	（c:45ppm, d:55ppm, e:60ppm）
					・Metis-P2c～e（45PPM～60PPM）	・Metis-P2cd（DOM）：M491
					・Corona-C1.5c～h（25PPM～60PPM）	（c:45ppm, d:55ppm）
						・Metis-P2ce（EXP）：D3BA
						（c:45ppm, e:60ppm）
						・Corona-C1.5fgh（DOM/EXP）：D3BA/D3BB
						（f:40ppm, g:50ppm, h:60ppm）
						・Corona-P1.5（DOM）：M491（60ppm）
						・Corona-P1.5（EXP）：D3BA（60ppm）
1.1.2	処理速度		Metis-MF3	該当速度が高速化 定常　トナー、時時期により厳密に確かな必要は開発先では無し	106～450mm/sec	搬送品質面に準ずる
5.1.1.3	対応電流		↑			コンソール
6.1.1.4	重さ		↑			
1.1.5	シフトレイ部	収納枚数	↑	トレイ質格モデルの変更　スマートスピーカ化（コンディショナー対応機） 各中間者に対する表示出来指の向上	1000枚 A4Y, LTYのサイズ 500枚 B4, LGLのサイズ	●折り畳み有 ・中間排気：（D3BA/M491） 3000枚：A4Y, LTY 1500枚：A4T, A4T, B4T, B5,DLT, LG, LTT 上記以外、長さは182mmから且つ468mm未満 上記外、長さは182mmから且つ468mm未満 100枚：B5T, 長さは148mmから且つ182mm未満 500枚：A5Y ・中間ソフトタレイ：（D3BB） 100枚：有 2000枚：A4Y, LTY 1000枚：A4T, A4T, B4T, B5,DLT, LG, LTT 上記外、長さは182mmから且つ468mm未満 500枚：A5Y 上記外、長さは148mmから且つ182mm未満 100枚：A5T, B6T, HLT, A6T ・2段R段、 30枚：B4, LGLのサイズ 10枚：A4, LT以下のサイズ

6.3 PQMによる「開発ステップ」の実践事例

表 6.5 小型紙折り機(B機)の機能横並べ表

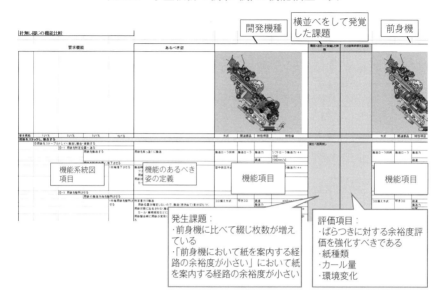

じであるが、綴じ枚数が増えていること、前身機において紙を案内する経路の余裕度が小さいことが市場実績から判明していることから、「ばらつきに対する余裕度評価を強化すべきであること」をDRにて決定し、記載した。

(3) (設計)FMEAシート

表6.6に、B機にて作成したFMEAシートを示す。エリアの「3H」は、「変化・初めて・久しぶり」の頭文字を取ったものであり、「事故やトラブルは変化、初めて、久しぶりといった人間の作業ミスを誘発する環境下で発生しやすい」、という経験則によるものである。エリア「変更に関わる心配点」、「心配はどの場合発生するか」は、一般のFMEAシートの「故障モード」、「故障原因」に対応する項目であるが、イメージしやすい言葉として「心配事」というキーワードを使っている。エリア「予防」、「検出」は、DR実施後に記入する項目であり、「どのように設計反映するか」(予防)、「どのように評価を行う

表6.6　小型紙折り機（B機）の設計FMEAシート

3H

機能

変更に関わる心配点（故障モード）

心配点はどの場合発生するか（故障原因）

予防（設計反映）

検出（評価反映）

No.	A Md名/変更点	B リソース	C 変更理由※ ※仕様変更、コストダウン、レイアウト都合、前身機不具合対策等	D 3H 変化 初めて 久しぶり	E 機能 機能が果たす役割、狙いは何か	F 変更に関わる心配点（故障モード） 変動Mdの変更内容がもたらす機能の損失、商品性の欠如 （他Mdに及ぼす副作用もあげる）	G 心配点はどんな場合に生じるか（故障要因） 詳細内容・その他 例.積上計算ミス、強度不足、経時変化、環境変化、振動落下評価時、紙種など	H お客様への影響	I ・心配点を除く為にどういう設計をしたか （設計遵守事項、設計標準、チェックシート等） ・今後どのような評価を行なうか	J 推奨する対応（DRの結果） 設計へ反映すべき項目	担当・期限	評価へ反映すべき項目	担当・期限	K 対応（I列）の結果実施した活動の成果
1A	排紙ユニット/排紙ニップへのガイド部材追加 ※1B案で問題が生じた場合の回避策	[MF-3_THAMES-C 実施項目一覧] No.5	用紙先端が排紙ローラに侵入する際に従動コロに先端が衝突する際の音を軽減するため	初めて	用紙先端を排紙ローラのニップにスムーズにガイドする	1A-1:排紙ローラでスリップ、不送り発生	・ガイド部材追加による搬送抵抗の増加	・出力紙にスリップ痕発生 ・搬送JAM発生	●設計ポイント Phaseにより最適なガイド形状を設計する（搬送抵抗、騒音に有利な形状の選定） ●評価内容 排紙ローラ搬送力に対する限界評価を実施する（スリップ有無の確認）	機能完成度表	○○・5月末			
						1A-2：画像面へのキズ、スジ、汚れなどの発生／耳折れ、シワ、その他用紙ダメージ発生	・ガイド部材への接触による	・出力紙の品質低下	●設計ポイント ガイド部材のエッジの形状を、用紙に与える負荷が分散するよう設計する ・可能な限り幅を持たせる ・端部にテーパ面を追加 ・極力大きな稜線Rを確保 など ●評価内容 画像品質に対する限界評価を実施する（キズ/スジ、汚れなどの有無確認） また、用紙ダメージに対する限界評価も実施する（先端折れ、シワなどの有無確認）	機能完成度表	○○・5月末			
1B	排紙ユニット/排紙従動コロをゴムコロ化 ※こちらの案を優先して検討を進める	[MF-3_THAMES-C 実施項目一覧] No.5	用紙先端が排紙ローラに侵入する際に従動コロに先端が衝突する際の音を軽減するため	変化	用紙先端が排紙従動コロに衝突する際に生じる衝突音を軽減する	1B-1：出力紙に折れスジやコロ跡、汚れなどが発生する また折り紙の折り目やフラップにダメージが発生する	・従動コロの材質変更(POM材⇒EPゴム)によるグリップ力アップ	・出力紙の品質低下	●設計ポイント 現状のニップ幅を維持(コロ跡が生じない面圧0.25N/mm以下)する 搬送力の特性値が現状値以内に収まるよう設定する ●評価内容 画像品質に対する限界評価（搬送力上限や面圧上限設定など）を実施する（折れスジ、コロ跡、汚れなどの有無確認）	機能完成度表	○○・5月末			
						1B-4：排紙コロスイッチバック時に指を巻き込み怪我をする	・従動コロの材質変更(POM材⇒EPゴム)によるグリップ力アップで排紙ローラのトルクリミッタのリリース力が上がる	・排紙ローラスイッチバック時に指が巻き込まれる	●設計ポイント 従動コロの材質変更前後でトルクリミッタのリリース力が変わらないよう設定する ●評価内容 排紙ローラの加圧力上限設定で排紙ローラのトルクリミッタのリリース力が現状と同等程度であることを確認する	技メモ	中川・5月末			技メモ添付予定

6.3 PQMによる「開発ステップ」の実践事例

か」(検出)をDRの中で検討するための項目である。

> **ポイント**
> - PQMにおいては、短いスパンでDRを実施し、Q-Gateでの移行を判断することで手戻りの削減につなげた。
> - 「仕様の横並べ」、「機能の横並べ」比較により課題抽出の漏れを防止した。
> - 「FMEAシート」では、「変化・初めて・久しぶり」の3Hをトリガーに未然防止を図った。

6.3.5 課題達成検証の実践

図6.5の手順3「重要技術課題の抽出」の検討が終了した後、品質マネジメントプロセスの中で、手順4「課題達成検証」を行った。

A機やB機の課題の達成検証においては、品質機能完成度表に基づき、機能完成度DRを短いスパンで実施しながら進めていった。

具体的な手順は、

計画段階：
 (a) 機能を分解する(機能統計図を利用)
 (b) 完了要件を設定する
 (c) 達成手段、誤差因子と制御要因を設定する

評価段階：
 (d) 品質機能完成度表における機能範囲の検証を短サイクルで評価する
 （月次DR実施）

完了段階：
 (e) 完了要件との適合性を判定する

となっており、概略図を図6.11に示す。

図6.12に小型紙折り装置(B機)の課題達成検証に用いた品質機能完成度表の一部を示している。

第6章 PQMの実践事例

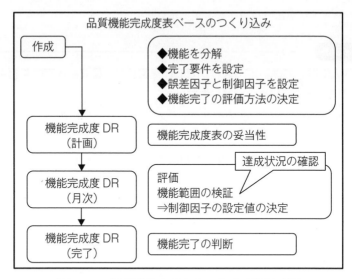

図6.11 品質機能完成度表に基づく検証手順

計画段階における(A)機能の分解がエリア1に、(B)完了要件の設定がエリア2に、(c)達成手段、誤差因子と制御要因の設定がエリア3、エリア5に記載され、その妥当性は図6.11の中の機能完成度DR(計画)で検討された。

評価段階における(d)機能範囲の検証は、エリア6に詳細が記載され、月次の進捗がエリア4に記載され、図6.11の中の機能完成度DR(月次)で検討された。

図6.13にB機の「折り品質」についての機能分解の様子(機能系統図)の一部を示す。この中で、「指定長さで折る」という重要機能の下位機能のうち、「①精度良く停止・逆転する」、「②撓みのばらつきを抑制する」に対して行われた検証について、以下に解説を行う。

(1) 精度良く停止・逆転する

本件について品質機能完成度表にて設定した項目は、

完了要件：停止精度±0.5 mm以下

6.3 PQMによる「開発ステップ」の実践事例

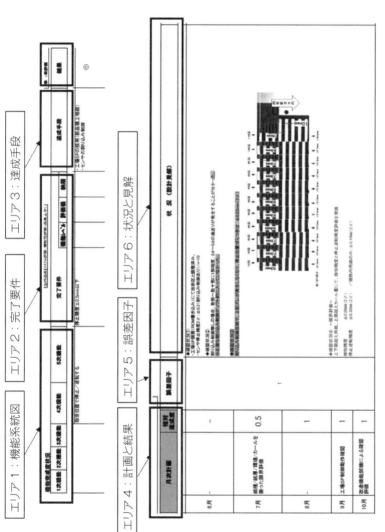

図6.12 小型紙折り装置（B機）の品質機能完成度表（一部）

第 6 章　PQM の実践事例

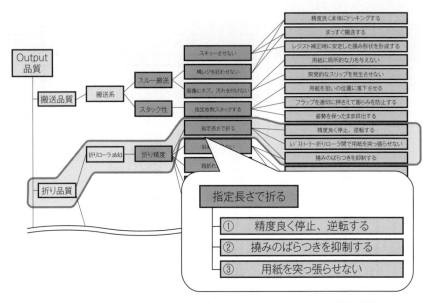

図 6.13　小型紙折り装置（B 機）の折り品質についての機能系統図

　　達成手段：工場 SP（設定パラメーター）[3]の採用（部品積上の相殺）
　　　　　　　センサの割り込み制御の実施

(2) 撓みのばらつきを抑制する

本件について品質機能完成度表にて設定した項目は、
完了要件：撓みばらつきによる折り位置精度 ±1.0 mm 以下
達成手段：シミュレーション
　　　　　　折り速度
　　　　　　限界評価
である。これらを品質機能完成度表に記載した様子を図 6.14 に示す。

---

3)　工場 SP（設定パラメーター）は、モーターによる紙の搬送量を設計値による一律設定ではなく、工程において一台毎の送り量を測定し、部品積上げばらつきから生じる送り量のずれを補正するような修正値を外部から設定する方法である。

6.3 PQMによる「開発ステップ」の実践事例

指定位置で停止／逆転する	停止精度±0.5 mm以下			・工場SPの採用(部品積上相殺) ・センサの割り込み制御
安定した撓みを形成し、撓みによる折り位置ばらつきをなくす	撓みばらつきによる折り位置精度±1.0 mm以下			・シミュレーション ・折り線速 ・限界評価

図6.14　小型紙折り装置(B機)の品質機能完成度表(一部)

次に、行った検証内容と、検証結果を以下に解説する。

検証はさまざまな達成手段で示す因子(制御因子)を設定し、完了要件で設定した要件を、設定した誤差の範囲内で成立することを示すものである。要件の中に「限界評価」とあることから、想定される誤差の範囲を超える範囲で成立することを示すために、仕様外の誤差条件を評価に盛り込んだ。

図6.15は「撓みのばらつきを抑制する」における完了要件の検証方法(限界評価)を示している。また、図6.16にその雰囲気環境と受入撓み量(カール)の設定条件を示す。規格仕様値で示す雰囲気環境条件や受入撓み量を調合した条件を与え、仕様規格を超える紙厚さの紙種に対して完了要件の達成を確認することで、市場におけるさまざまな使われ方に対してロバスト性を有する特性を得ることができた。

図6.17に、本検証により各紙種がさまざまな紙折り種類に対して完了要件とする折り位置精度±1.0 mm以下を十分に達成した様子を示している。

> **ポイント**
> ・計画段階において機能分解、完了要件の設定、誤差因子・制御因子の設定を行った。
> ・検証においては限界評価によりロバスト性を確保した。

第6章 PQMの実践事例

	紙種・銘柄	サイズ	カール	環境
仕様外	薄紙1	A4, A3		MM
	薄紙2	A4, A3	○	MM, LL, HH, 超LL、超HH
仕様内	普通紙(薄、コストダウン)1	A4, A3		MM, LL, HH, 超LL、超HH
	普通紙(薄、コストダウン)2	A4, A3	○	MM
	リサイクル紙1	A4	○	MM
	リサイクル紙2	A4		MM
	標準紙(中厚)	A4, A3	○	MM, LL, HH, 超LL、超HH
	海外：薄紙	LT		MM
	海外：普通紙(薄、コストダウン)	LT		MM
	海外：標準1	LT, DLT	○	MM, LL, HH, 超LL、超HH
	海外：標準2	LT, DLT	○	
	厚紙1	LT, DLT		MM, LL, HH, 超LL、超HH
	厚紙2	DLT		MM
仕様外	海外：厚紙1	DLT		MM
	海外：厚紙2	DLT		MM
	海外：光沢紙	DLT		MM

図6.15 検証方法(評価条件)

仕様外	超LL	0℃、15%	超低温低湿
仕様内	LL	10℃、15%	低温低湿
	MM	20℃、50%	標準
	HH	27℃、80%	高温高湿
仕様外	超HH	35℃、54%	超高温高湿

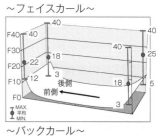

図6.16 雰囲気環境条件と受入撓み量条件

6.3 PQMによる「開発ステップ」の実践事例

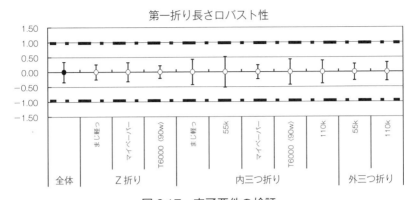

図6.17 完了要件の検証

6.3.6 開発ステップにおけるありたい姿

　当社においてA機、B機の商品化において設定した、開発ステップにおける品質機能完成度のつくり込み目標としてのありたい姿を図6.18に示す。

　図6.18に示した開発ステップにおける3つの曲線のうち、最も下側の曲線(Before)は従来の品質機能の完成度を表している。このように、完成度が低いまま開発ステップの完了を迎え、次のステップへ進めてしまうと、完成度はなかなか高まることはない。理由は、技術解明度が低いままさらに詳細のシステム設計がなされることにより、発生問題に対策を打とうとしても本質的な部分に手を入れることができなくなってしまうためである。このような状況でステップゲートを通過させてはならない。このように、ゲートでの役割が果たせないままプロジェクトが進行すると、ついには市場での大きな問題発生に至る。

　この曲線を、図6.18の中央(After)の線、すなわち品質機能の完成レベルを重要な技術課題が解明されるレベルまで持ち上げれば、設計ステップでの発生問題も少なく、管理された状況で量産まで持ち込むことができる。そこで、ありたい姿を最も上側の曲線である「設計ステップ以降での発生問題0件」と設定した。

第6章　PQMの実践事例

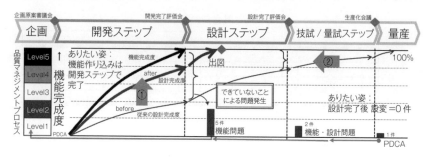

図6.18　開発ステップにおけるありたい姿

> **ポイント**
> ・開発ステップにおける品質マネジメントプロセスのありたい姿は、重要技術課題の技術解明を100%やり切り、設計ステップ以降に重要技術課題の発生0件を達成することである。

6.3.7　開発ステップにおけるPQMの効果

　PQMにおける開発ステップの特徴は、「次ステップである設計ステップにおいて手戻りを生じさせない」という目標の達成のために、徹底的に技術の解明を行い、品質に対するロバスト性を向上させることである。すなわち、システムの成立性検討において重要技術課題を出し尽くし、機能完成度DRを短いスパンで回し、限界評価においても完了要件を確保することを確認することである。

　図6.19に、PQM実施前の前身機とPQM実施後のB機の間での、開発ステップ完了後の設計ステップにおける問題発生件数の比較結果を示す。ここで、問題発生件数とは、品質保証区によるお客様での使用を想定した総合試験において指摘された、ハード評価表外件数である。

　PQM実施後のB機は、前身機に比べ指摘件数が84%と大幅に低減している。これは、お客様の使われ方を想定した評価以上の限界評価を行うことによ

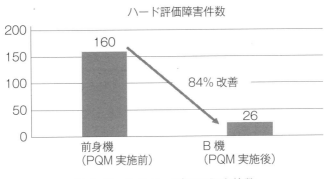

図 6.19　次ステップ問題発生件数

り、重要技術課題に対するロバスト性が開発ステップ内で確保できていることを示している。

> **ポイント**
> ・開発ステップにおいて重要技術課題を漏れなく抽出し、ロバスト性の確保の検証を行うことで、目標である次ステップにおける手戻りの発生が抑制できた。

6.4　PQMによる「設計ステップ」の実践事例

設計ステップにおけるワークフローを図6.20に再掲する。

6.4.1　モノづくりフローの実践

以下に当社におけるモノづくりフローの実践として行った、電気(エレキ)分野の効率化について解説する。

第6章　PQMの実践事例

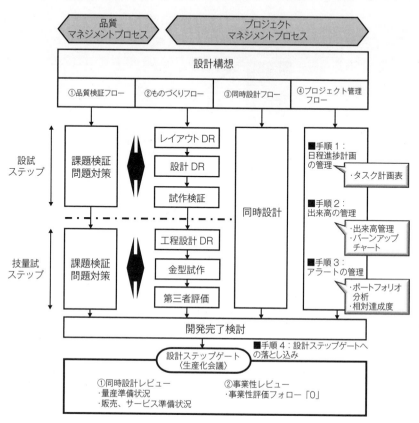

図 6.20　設計ステップのワークフロー図（再掲）

（1）　電子回路基板組合せ型開発・設計プロセス

　PQMにおいては、エレキ分野の効率化のひとつとして「電子回路基盤（PCB）組合せ型開発・設計プロセス」を採用・推進している。これは、PCBの開発・設計をするうえで、あらかじめ必要な回路を機能分類し、機能評価を実施したうえで「標準化回路」として登録しておく。そして、実際のPCBの設計に際しては、登録しておいた標準化回路を選択し、組み合わせてPCBを構成する設計を行う、という考え方である。

6.4 PQMによる「設計ステップ」の実践事例

具体的には、図 6.21 に示すように、あらかじめ電源やモーター駆動といった機能に分類された標準化回路を機能モジュールとして先行開発を行い、機能評価を完了したものを「棚入れ」として登録する。そして、機種システムのPCB 設計の際には、「棚」から適切な標準化回路を選択し組合せ設計を行う。

機種システム設計に先立ち標準化回路の棚入れを完了させるには、以下に示す方針やルールを事前に検討しておく必要がある。
① 設計方針書による、設計基本方針の明確化
② 各種ルールの整備による、業務内容の明確化
  ・設計ルール
  ・機能評価ルール
  ・棚入れ登録ルール　など
③ 機能分類表による、回路ブロックの機能分類化
④ 機種展開ロードマップによる、「標準化回路」の開発計画の明確化

これによって、従来設計ステップから開始していた全体システム評価におい

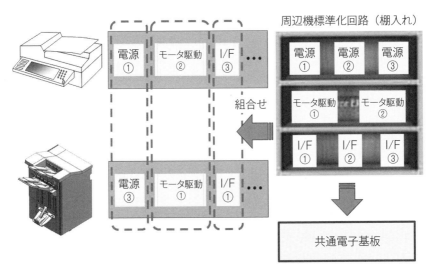

図 6.21　標準化回路と組合せ設計

て、多くの機能モジュールがすでに評価を終了しているため、設計ステップにおける新規設計要素が大きく減少することにより、設計工数を大きく減少させることが可能となった。また、上流ステップでの設計完成度が高まったことで、設計ステップでの手戻り解消にも大きく貢献した。

(2) 共通電子基板化開発・設計プロセス

従来の設計プロセスでは、開発ステップにおいては個別機能開発専用の電子回路基板やその動作のための制御ソフトウェアを開発・設計し、設計ステップでは機種ごとの全体システム設計に合わせて、新たに電子回路基板やその動作のための制御ソフトウェアを開発・設計していた。

PQMにおいては、複数の機種システムで共通使用することが可能な「共通電子基板」を推進することで、新たな開発・設計プロセスを構築した。

共通電子基板とは、標準化回路の規模と必要なSOC/ASIC数を考慮して複数の機種で共通使用可能な電子基板のくくりを設定し、必要最小限の数の共通電子基板を開発することで全体の機種群を賄えるようにしたものである。前述の標準化回路に対して、共通電子基板化設計の考え方を図6.22に示す。

PCBは、機種共通性を高めたことにより、開発用の試作としてのつくり方ではなく、ASIC/SOCを使用し層数やパターン構成も量産基板と同等の構造となった。

開発ステップにおいては、共通電子基板を活用して開発ステップを実施することにより、従来、開発ステップ専用の電子回路基板の作成や制御ソフトの作り込みに要していた工数・時間の削減が可能となった。また、設計ステップにおいては共通電子基板から各機種で必要な部分を切り出した形で、専用電子回路基板を設計することで設計ステップの対応を行った。

従来、開発ステップと設計ステップでは電子回路基板、制御ソフトの作り換えが発生することから、開発ステップでは信頼度にかけるPCB単体評価になりがちであったが、共通電子基板を用いることで量産レベルに近いエレキおよびソフト設計で評価可能となり、より信頼度の高いシステム評価結果が得られ

6.4 PQMによる「設計ステップ」の実践事例

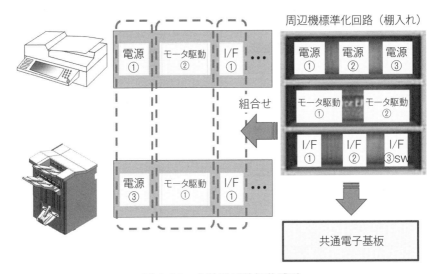

図 6.22　共通電子基板化設計

るようになった。機械（メカ）設計分野においても、試作基板向けではなく量産品同等の基板サイズやハーネス取り出しを前提に設計を行うことで、レイアウト構成や外装設計、気流・熱・電磁波対策などの検討を開発ステップ段階から開始できるようになり、設計品質を早期に高めることが可能になった。メカ設計でのシステム評価1ステップ前倒しの考え方を図 6.23 に示す。

共通電子回路基板により、機種ごとの開発ステップでの個別の電子回路基板やソフトウェアの設計工数・費用の削減、設計ステップでの設計、評価工数の削減が可能となったばかりでなく、設計の前倒しを可能にすることでシステム全体の設計品質を大きく改善することができた。回路規模とSOC/ASIC数に応じた共通電子基板のくくり方を図 6.24 に、実際に制作した共通電子基板の例を図 6.25 に示す。

第6章 PQMの実践事例

図6.23 評価の1ステップ前倒し

- 次世代製品の回路規模とSOC/ASIC数

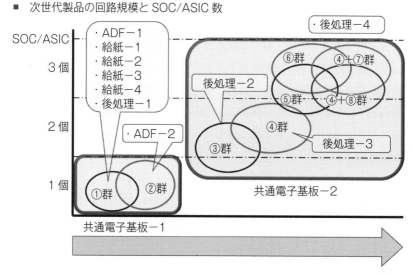

図6.24 共通電子基板のくくり

6.4 PQMによる「設計ステップ」の実践事例

図 6.25 共通電子基板の例

(3) PLE 開発・設計プロセス：ソフトウェア設計分野の効率化

PQM において行った、コア資産[4]を組み合わせて効率的に製品ソフトを開発するソフトウェアプロダクトライン開発（PLE 開発）[5]について解説する。

具体的には、PLE を後処理系、原稿処理系、給紙処理系の 3 つの製品体系別に分類し、製品間で共通仕様を実現する共通部と製品ごとの個別仕様を実現する変動部の集合であるコア資産を事前に開発した。各製品設計時にはこれらのコア資産を組み合わせて製品ごとに効率よく製品開発を実施した。**図 6.26** にコア資産が適用される製品体系を、**図 6.27** に実際の PLE 開発時におけるソフトウェアの固定部・変動部の切り分けの考え方について示している。

> **ポイント**
>
> モノづくりフローの実践事例として、
> ・エレキ分野にて、電子回路基盤(PCB)の組合せ型開発、共通電子基板(PCB)化開発・設計プロセスの構築
> ・ソフト分野にて、PLE 開発・設計プロセスの構築
> について紹介した。

4） コア資産：事前に開発された、製品間で共通仕様を実現する共通部と、製品ごとの個別仕様を実現する変動部の集合。
5） ソフトウェアプロダクトライン開発：ソフトウェアの体系的な再利用によって、ソフトウェア開発の開発費用低減、品質向上、投入期間短縮を実現するソフトウェア開発手法。

第 6 章　PQM の実践事例

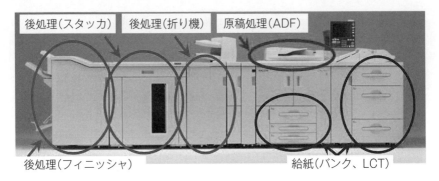

図 6.26　コア資産の単位

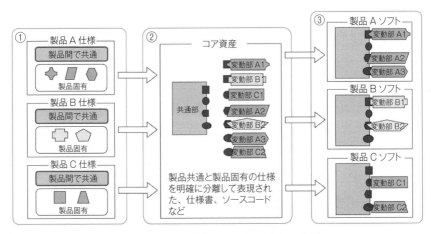

図 6.27　PLE 開発における固定・変動

6.4.2　同時設計フローの実践

　PQM の設計ステップにおいては、設計、生産準備区を中心とする「②モノづくりフロー」と並行して「③同時設計フロー」がスタートする。リコーグループにおいては、「コンカレントエンジニアリング」の考え方を取り入れた「同時設計標準」を定め、業務プロセスの効率化を図っている。

6.4 PQMによる「設計ステップ」の実践事例

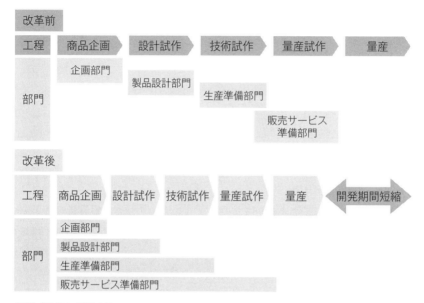

出典）㈱リコーHPより

図6.28 同時設計プロセスによる開発期間短縮

これは、各開発の工程間でバケツリレーのように業務を進めていく従来のプロセスに対して、関連部門が同時に業務を進めていくことで、開発期間短縮を図るプロセスである（**図6.28**）。A機、B機の開発においても同時設計を体制化し実践することで、開発期間の短縮につなげることができた。

> **ポイント**
> ・③同時設計フローの実践として、企画から生産・販売までの部門が並行して設計を行うことで開発期間の短縮が図れた。

6.4.3 手順1：日程進捗計画の管理の実践

以下にPQMの特徴である、プロジェクト管理フローの実施における各手順

第 6 章　PQM の実践事例

表 6.7　設計ステップの進捗管理イベント

進捗管理イベント名	主催者	間隔	出来高管理	相対達成度	PF 分析	重要課題管理
G（グループ）進捗管理	G リーダー	日次	担当レベルの日次管理	—	—	日次情報抽出
室（部門）進捗管理	部門長	週次	部門集計	部門集計	部門集計	部門管理
周辺機 PMT	PM	週次	PM 区テーマ集計	PM 区テーマ集計	PM 区テーマ集計	PM 区／設計区すり合わせ
本部 PQM 会議	本部長	週次	報告と討議	報告と討議	報告と討議	報告と討議

の実践について説明する。

　表 6.7 は、当社第二設計本部において設計ステップにおける日常管理として実施する、進捗管理イベントの主催者と管理指標について示している。情報の流れは表中上から下に、G（グループ）、室（部門）、周辺機 PM、本部 PQM 会議の順になっている。

(1)　グループ進捗会議

　グループリーダーが各設計担当者から直接状況を収集するステータスである。末端の状況は常に変化するため、進捗はほぼ日次で実施される。収集される情報は出来高管理の基礎となるものであり、担当レベルでのタスク管理表に対する進捗の入力管理である。

　タスクの進捗は第 3 章で説明した「固定比率計上法」を用いて、「未着手：0％」、「着手：10％」、「完了：100％」の 3 分類のみの入力値の選択であり、個人差のばらつきが生じにくい。このステータスでの重要管理ポイントは、品質検証フローに登録管理されている重要課題への対応状況を確認するとともに、個々の担当者から現場で発生するさまざまな不具合、課題の「兆候」を早期に吸い上げることである。感度良く兆候段階で抽出することで、問題が現実化する前に未然防止処置を図ることや問題を早期につぶし込むことが可能となる。

6.4 PQMによる「設計ステップ」の実践事例

(2) 部門進捗会議

部門長が主催する進捗会議であり、リコーテクノロジーズにおいては、3つの拠点に跨る管理となるステータスである。各グループの出来高を集計し、この段階で部門としてのバーンアップチャート、相対達成度、各テーマのPF分析、部門としてのテーマ進捗状況を確認し、課題と対応を検討し、PMTへの提示項目として周辺機PMへのインプットとする。

(3) 周辺機PMT会議

周辺機PMが主催する、同時設計フローに基づく関連区PMとの会議である。同時設計に関わる関連区間で品質管理フローとものづくりフローの状況、関連区の量産開始に向けたフローの状況を共有する。

また、周辺機PMは本体システムPMT(PM Team)のメンバーでもあり、本体システムに対する情報インプットを行うとともに、本体システムからのアウトプット事項を提供し、本体と周辺装置の開発間でのさまざまな調整事項の処理を行う。

各PMは本部PQM会議へテーマごとの進捗報告をまとめる。

(4) 本部PQM会議

周辺機プロジェクト管理フローにおける日常管理の最上位の管理ステータスであり、本部長が主催する。基本は、各PMからプロジェクト単位にて、全体および各部門単位での出来高とバーンアップチャートが報告されるとともに、テーマとしての相対達成度と重要課題の達成状況、各テーマ集計としてのPF分析が報告される。

テーマ内で対応可能な進捗上の問題は、部門進捗会議や周辺機PMTの段階で調整され管理されるため、本部PMTにエスカレーション(上程)される課題は、上位判断のもとにタスク管理のベースとなるプロジェクト全体日程の修正やリソースの組替え・シフトを意思決定する必要があるものである。

PQMにおける各会議体と情報ルートの流れを図6.29に示す。各会議体の開

第6章　PQMの実践事例

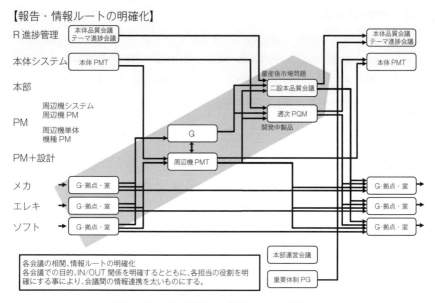

図 6.29　各会議体と情報ルートの流れ

催間隔は基本的にタスク管理表作成基準となっている1週間と設定している。設定会議数や開催期間については、組織規模や取り扱う製品の開発期間に応じて決めることになる。

> **ポイント**
> ・基本週次ベースの会議体により、すべての統制と進捗を行う体制とした。情報の流れとエスカレーションの流れを統一化し、情報収集・意思決定の時間短縮を図った。

6.4.4　手順2：出来高の管理の実践

図 6.30 に、B機の開発におけるタスク管理表を示す。図中には「PM管理タスク」領域の一部と「メカ管理タスク」領域の一部が記載されている。入

6.4 PQMによる「設計ステップ」の実践事例

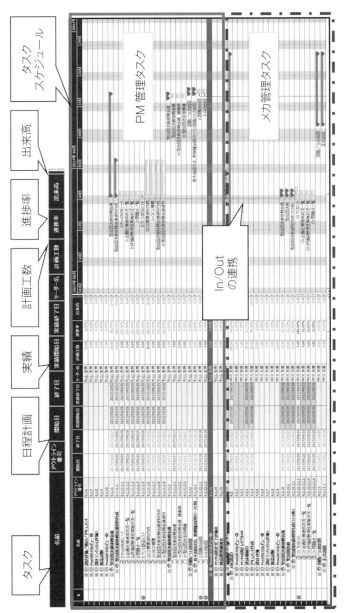

図6.30 タスク管理表の例

第 6 章　PQM の実践事例

力・管理項目としては、
- タスク：設定単位であるタスクの名称
- 日程計画：計画時に設定するタスクの開始と完了計画
- 実績：進捗時に記載するタスクの開始と完了実績
- 進捗率：個々のタスクの進捗率(0、10、100％ から選択)
- 出来高：出来高＝計画工数×進捗率

となっている。また、図中「In/Out の連携」にてタスク間の In/Out の紐づけ関係を表示している。

システムは共有データベース(以下 DB)となっており、各設計者の入力を全員で共有できる仕様になっている。DB はプロジェクトごとに設定され、入力は「PM 管理」、「メカ管理」、「エレキ管理」、「ソフト管理」の領域が設定され各部門単位で管理する。

上記の本部 PQM 会議において、PM からプロジェクト単位でされる、全体および各部門単位での出来高とバーンアップチャートの報告事例を示す。

図 6.31 には、全体およびメカ、エレキ、ソフトの 3 部署における計画に対する出来高の様子が、バーンアップチャートとして記載されている。右端のステップゲートに相当する会議体に対して、現時点の出来高の差異と計画線の様子から、「徐々に計画から乖離している」、「突然変化が起こった」などの状況を読み取り、より適切な意思決定ができるようになった。

図 6.32 は同時に報告される出来高・進捗の報告事例である。プロジェクト進捗上重要なキータスクについては、PM 区進捗会議での PM 部署のコメントと設計区進捗会議での設計部署のコメントを記載している。

> **ポイント**
> - バーンアップチャートを用いた出来高をグラフで見ることにより、プロジェクトの状況を読み取り、より適切な意思決定ができるようになった。

6.4 PQMによる「設計ステップ」の実践事例

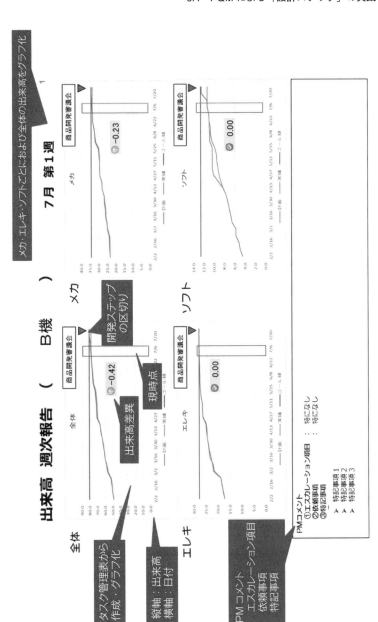

図 6.31 出来高とバーンアップチャートの報告事例

第6章　PQMの実践事例

出来高 週次報告 （　　　B機　　　）

今週のキータスクとその状況（遅延キータスク状況　含む）　　状態　　● ：遅れがあるが、自部署のデータメンバー内でリカバリー可能な状態
　　　　　　　　　　　　　　　　　　　　　　　　　　　　　　　　　　　● ：遅れに対し他テーマからの応援が必要、または関連区との納期調整が必要

担当	キータスク	計画予実績				状態	概要と対応策等	
		計画		実績			PMコメント	設計コメント
		開始	完了	開始	完了			
エレキ	<Andromeda製品試験> -YES CLOSE	6/21	7/6	6/2			<低減退上昇> YES は、不具合のため、ウォッチングで CLOSE 予定。ただし、SOS04は、市場での頻発していないため、継続して調査していく。 <JAM431> 現象を再現できないため、ウォッチングで CLOSE 予定。	<20021-0010：重大> 7/1にて治具調整で落し入の位置に再調整することで結果が得られた事を確認したが、2銘柄(Bindoko等)/片面コート CLASSIC Laid/凹凸部で重大改善できた 一部用いる表面コメントが異なる用紙に、浮上等により上...場カール影響... <20021-00... ウール規格...SIH115gsm... 絡み），7/7実施予定
	試験機の補足結果 <低減退上昇> <JAM431> ・継続確認	-	-	-	-			
ソフト	遅延タスクなし	-	-	-	-			
PM	型試試II機の出荷対応	5/18	5/26	5/18			型試試II機の担当引（5/24）に完了済みであるが、材料提取にて設備ロータ補助の継続値を満足できていない為、出荷を止めている。（Taurus FT/EMC評価用サービス準備用）。 倉庫保管の残りの29台については、マイラー貼り付けアタッチメントの取り外し短期間に互する長期間保管を実施する。但し、回面ズレ原因の不具合修正は、マイラー追加等の暫定対策では効果がなく、対策反映部品を手配し、交換（連絡）で使用する機械の...のため、7/5（水）に改造予定。 書庫保管残り15台（海外出込機会化、使用後に不具合が入場合もある）ので、7/10(月) 出荷予定、他改善機を手配し、試験機検4台 7/11（火）出荷予定。	

図6.32　出来高・進捗の報告事例

6.4.5 手順3：アラートの管理の実践

当社の第二設計本部で行っている周辺装置の開発プロジェクト数は膨大な数であるため、個別のプロジェクトに注力して管理を行っていると、危険状況にあるプロジェクトの兆候を見過ごしてしまうおそれがある。そのため、本部PQM会議においては、プロジェクト群全体の危険な兆候を抽出するためのポートフォリオ分析を行っており、この実践事例を説明する。

出来高差異を横軸に、工数差異を縦軸にした平面に、各プロジェクトの実績をポイントで記載する。図 6.33 に示すように、

　　出来高差異＞0、工数差異＞0：安全領域
　　−2＜出来高差異＜0、0＜工数差異＜＋5：要注意領域
　　出来高差異＜−2、＋5＜工数差異：アラート領域

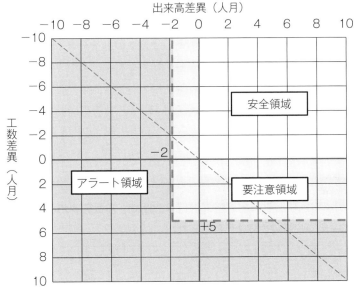

図 6.33　PF 分析におけるアラート領域

第6章 PQMの実践事例

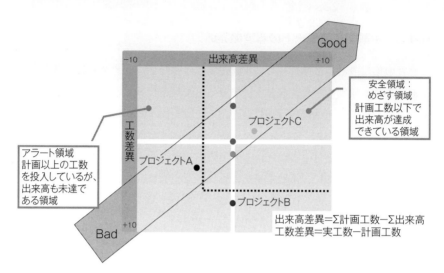

図 6.34　アラート管理の実践状況

と領域を設定することで、アラート領域のプロジェクトを明確にし、対応検討を行うこととした。特に、原因の分析を行い個別の対策を講じてもアラート領域に1カ月以上滞留しているプロジェクトに対しては、必ず一度増員対応を行うことをルールに定めた。

図 6.34 は実際の本部 PQM 会議に報告された PF 分析の図である。推進中のプロジェクト群の中で、プロジェクト A および B がアラート領域にある状況を表している。

> **ポイント**
> ・PF 分析を行い、アラート管理を行うことで、多数のプロジェクトの状況を一目で理解できるようになった。

6.4.6 設計ステップにおける PQM の効果

図 6.35 は当社が PQM を導入後の 2014 年から 2016 年の間の出来高、工数の累積差異を示している。横軸は 4 月から 3 月までに時間軸を揃え、期初を 0 にしている。導入当初は毎月の差異の発生により累積値が増加しているが、運用が安定するにつれ差異が縮小していった様子が見て取れる。

図 6.36 は PF 分析の結果の 2014 年と 2017 年間での比較を行ったものである。PF における安全領域のテーマ数割合が 30% から 40% に増加、アラーム領域のテーマ数割合が 5% から 0 に減少した様子が見てとれる。

これらは、開発ステップにおける品質管理プロセスにおいて行った、品質機能完成度表を用いたロバスト性の高い作り込みに基づき、設計ステップにおいて出来高などの少ない指標に絞ってすべて短期間で算出・見える化し、バーンアップチャートやアラーム管理などにより、素早く対応できるよう、組織が変

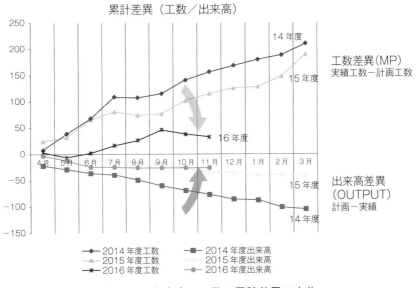

図 6.35　出来高、工数の累積差異の変化

第6章 PQMの実践事例

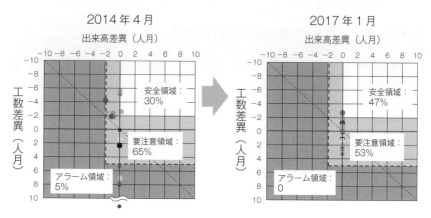

図6.36 PFの各領域の変化

化してきたことを示している。

すなわち、当初めざした、「組織全員がプロジェクトの良い流れを理解し、行動することができる組織能力の構築」がされてきたといえる。

> **ポイント**
> - 管理体制の整備や、出来高の管理、アラート管理による情報収集と意思決定の早期化により、組織の全員が目標と手順を理解し、行動することができる組織能力が構築されてきた。

第7章

PQM 導入による効果と その検証

　本章では、リコーテクノロジーズ㈱第二設計本部においてPQMによる開発プロセス改革を行った、設立後4年間におけるさまざまな設計生産性指標の改善に関する効果とその検証結果を解説する。

第 7 章　PQM 導入による効果とその検証

7.1　PQM 導入でねらう効果の概要

　プロセス改革を行う際には、数値目標を設定し、実績と数値目標との乖離をモニタリングしながら施策や目標の見直しを行う、といった PDCA を繰り返し回していく必要がある。そして、目標を数値化するためには、KPI と KGI の 2 種類の数値目標の設定を行う必要がある。
　KPI は、Key Performance Indicator の略であり、「重要目標達成指標」と呼ばれる。KPI は、業務の達成度を定量的に把握するための指標のことであり、数値を分析することで具体的に施策の良し悪しを判断することができるよう、より施策と直接紐づいた形で指標化される必要がある。
　KGI は、Key Goal Indicator の略であり、「重要業績評価指標」と呼ばれる。最終的に求める経営的目標数値として設定される場合が多い。施策が最終的に業績へ及ぼす効果のレベルを判断するための指標である。
　図 7.1 に PQM 導入でねらう効果の概要の図を示す。下から上に向かって、開発現場からトップ層までの管理階層をごとのプロセス改革の実践内容と、改善対象を記載している。
　開発現場から G 階層は、品質マネジメントプロセスとプロジェクトマネジメントプロセスを実践することにより、開発・設計における各タスクの QCD の改善をめざす。部門階層は、各マネジメントプロセスの PDCA を回しながら、設計 PKI の達成をめざす。部門階層と P M 階層は、連携して各マネジメントプロセスの PDCA を回しながら、プロジェクト KPI の達成をめざす。トップ層は、業績目標の達成に向け全体の PDCA を回しながら、業績 KGI の達成につなげていく。
　このように、
- トップ層が設定した KGI の達成に向けて、一貫性をもつように各階層にて設計 KPI とプロジェクト KPI が設定される
- 各 KPI の目標達成に向け、開発現場が品質マネジメントプロセスとプロ

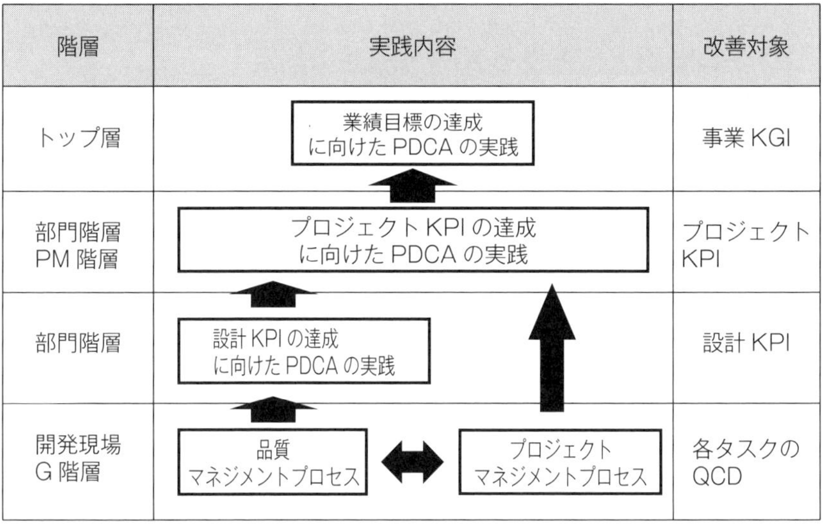

7.1 PQM導入でねらう効果の概要

階層	実践内容	改善対象
トップ層	業績目標の達成に向けたPDCAの実践	事業KGI
部門階層 PM階層	プロジェクトKPIの達成に向けたPDCAの実践	プロジェクトKPI
部門階層	設計KPIの達成に向けたPDCAの実践	設計KPI
開発現場 G階層	品質マネジメントプロセス ⇔ プロジェクトマネジメントプロセス	各タスクのQCD

図7.1　PQM導入でねらう効果の概要

ジェクトマネジメントプロセスを実践し、各階層が各マネジメントのPDCAを回していく
ことが、PQMによる改善効果の概要である。

> **ポイント**
> - 数値化目標にはKPI(重要目標達成指標)とKGI(重要業績達成指標)の2種類を設定する必要がある。
> - トップ層が設定したKGIの達成に向けて、一貫性を持つように各階層にて設計KPIとプロジェクトKPIが設定される
> - 各KPIの目標達成に向け、開発現場が品質マネジメントプロセスとプロジェクトマネジメントプロセスを実践し、各階層が各マネジメントのPDCAを回していく。

第 7 章　PQM 導入による効果とその検証

7.2　PQM 導入における KPI・KGI の設定

PQM による開発プロセス改革を行うに当たっては、KPI と KGI の設定を以下のように行う。

7.2.1　PQM における KPI の設定

KPI については、プロジェクト KPI と設計 KPI を設定する。2つの関係は上位・下位の関係にある。プロジェクト KPI は、開発プロセス改革の実施によりプロジェクトのパフォーマンスがどのように改善したかを示す指標である。設計 KPI は、改善に結びついたより直接的な設計の効果を示す指標である。すなわち、設計 KPI がプロジェクト KPI を下支えする関係になる。

(1)　プロジェクト KPI

まず、プロジェクトのパフォーマンスを測る指標として、「生産性」を最上位の指標として設定する。すなわち、「少ない投入工数でいかに多くの、かつ付加価値の高い機種を開発できたか」を、「設計生産性」として指標化するものである。

次に、プロジェクトに着目した設計の流れの良さを測る指標として、「開発プロジェクト当たりに発生する手戻り工数をいかに減らすことができたか」を、「平均手戻り工数」として指標化する。

さらに、設計機能に着目した設計の流れの良さを測る指標として、「設計工数全体に占める手戻り工数をいかに減らすことができたか」を「手戻り率」として指標化する。

最後にプロジェクト全体の結果指標として、市場品質を選定する。
ここで、
　　　EM：Emergency Maintenance（市場稼働機械で発生する緊急保全）
　　　EM 率＝1か月に発生した EM 件数÷保守対象の市場稼働機械台数

7.2 PQM導入におけるKPI・KGIの設定

として、EM率を市場品質の指標に設定する。

各プロジェクトKPIの内容と目標値について、以下で解説する。

1) 設計生産性

設計生産性は、「生産性革命のためのプロジェクト型品質マネジメント手法」を謳うPQMにおいて、最も重要な指標に位置づけられる。

具体的には、投入に対するアウトプットの質と量で定義する。投入はプロジェクトへの投入工数の総計であり、アウトプットは開発プロジェクト数にプロジェクトの難易度を勘案して重みづけを行った値(テーマ指数)とする。

すなわち、

$$\text{設計生産性(テーマ数/時間)} = \frac{\text{開発プロジェクト数(テーマ指数)}}{\text{設計工数(時間)}} : ①$$

と定義することとする。

当社における実施に当たっては、PQMの実践開始からの3年間を一つの区切り(リコーグループでは3年間を中期経営計画の単位としている)の目標として、50%の生産性向上を目標として掲げることとした。

2) 平均手戻り工数

平均手戻り工数は、設計生産性 $\frac{\text{開発プロジェクト数(テーマ)}}{\text{設計工数(時間)}}$:①を手戻り工数を介して分解して求められる、

$$\frac{\text{開発プロジェクト数(テーマ指数)}}{\text{設計工数(時間)}} = \frac{\text{開発プロジェクト数(テーマ指数)}}{\text{手戻り工数(時間)}} \times \frac{\text{手戻り工数(時間)}}{\text{設計工数(時間)}}$$

における要素、$\frac{\text{開発プロジェクト数(テーマ)}}{\text{手戻り工数(時間)}}$ の逆数として、

$$\frac{\text{手戻り工数(時間)}}{\text{開発プロジェクト数(テーマ)}} : ②$$

と定義することとする。

第 7 章　PQM 導入による効果とその検証

　平均手戻り工数はテーマ全体をならして、1 テーマ当たりに換算したときの平均的な手戻り工数の値を示すものであり、プロジェクト全体を運営する本部組織の手戻り防止に対するマネジメント能力を示すものである。
　当社における実施に当たっては、平均手戻り工数も 3 年間で 50% 削減の目標値として設定した。

3) 手戻り率

　手戻り率は、上記設計生産性を分解したもう一方の要素である、$\dfrac{\text{手戻り工数(時間)}}{\text{設計工数(時間)}}$：として定義することとする。これは単純に、設計工数における手戻り工数の割合を示す指標であり、プロジェクトごとに集計することでプロジェクト間の比較を行うことができる。
　本 KPI は、分子・分母の双方ともに低い方が良い中での割合の相対的な削減度合いにより算出される数値であり、当社における実施に当たっては、手戻り率の 25% の削減を 3 年間での目標値に設定した。

4) 市場品質 (EM 率)

　プロジェクトの結果指標として、発売・市場投入後の市場品質 (EM 率) を KPI として設定する。すなわち、

$$\dfrac{\text{手戻り工数(時間)}}{\text{保守対象の市場稼働機械台数}} : ④$$

として定義することとする。
　当社における実施に当たっては、3 年間で 50% 削減の目標値を設定した。
　以上より、図 7.2 に各プロジェクト KPI の計算式と関係を記載する。
　また、表 7.1 にプロジェクト KPI とその内容、および当社において PQM の開始後 3 年間で達成を目指した目標値を示す。

(2) 設計 KPI

　(1) で述べたプロジェクト KPI の下位特性として、より直接的な設計プロセスの能力を示す指標である、新規設計当たりの障害発生率を設計 KPI として

7.2 PQM導入におけるKPI・KGIの設定

$$設計生産性 = \frac{開発プロジェクト数}{設計工数} : ①$$

$$= \left(1 \div \frac{手戻り工数}{開発プロジェクト数} : ②\right) \times \frac{手戻り工数}{設計工数} : ③$$

$$市場品質 = \frac{手戻り工数時間}{保守対象の市場稼働機械台数} : ④$$

図7.2 プロジェクトKPIの計算式

表7.1 プロジェクトKPI一覧と目標値

KPI	内容	当社における目標値
① 設計生産性	設計工数当たりの開発プロジェクト数	目標：50％向上
② 平均手戻り工数	開発プロジェクト当たりの平均手戻り工数	目標：50％削減
③ 手戻り率	設計工数に占める手戻り工数	目標：25％削減
④ 市場品質(EM率)	保守対象の市場機械台数当たりの手戻り係数	目標：67％削減

定める。

障害の設定として、メカ・エレキに関しては設計変更発生数を、ソフトに関しては第三者評価における障害件数とする。

すなわち、

① メカ・エレキ設計不良率

$$= \frac{量産後の設計起因の設計変更件数}{新規・改良部品点数} \times 100 \ (\%) : ①$$

② ソフトウェア欠陥密度

第7章　PQM 導入による効果とその検証

$$= \frac{\text{設計完了以降のソフト障害件数}}{\text{新規換算ステップ数}} \times 100 \ (\%) : ②$$

と定義する。

7.2.2　PQM における KGI の設定

　開発プロセス改革の成果は、最終的には経営指標に対するものとして現れなくてはならない。したがって、PQM が求める目標達成指標としては、開発に関わる経費面での削減効果を重視することとした。

　すなわち、経営的改善成果の KGI を、①開発不良コストの削減、②開発費の削減、③年間残業代の削減とする。これらを当社における目標値とともに、表 7.2 に記載する。

(1)　開発不良コスト

　PQM における開発不良コストに関しては、主にプロジェクトマネジメントプロセスによる設計生産性の向上と、品質マネジメントプロセスによる設計品質の向上により、開発人件費と手戻りの発生によるつくり直しなどの開発不良コストの低減に現れるため、KGI として集計を行うこととする(図 7.3)。以下に開発不良コストの定義式を記載する。

$$\text{開発不良コスト} = \Sigma(\text{開発人件費} + \text{手戻りコスト}) : ①$$

(2)　開発費

　開発費は、プロジェクトが認識するすべての人件費と材料費の総和であり、前述の開発不良コストを含む概念である。PQM においては、会計上の費用に直結する数値であるため、KGI として集計を行うものとする。以下に開発費の定義式を記載する。

$$\text{開発費} = \Sigma(\text{人件費} + \text{材料費}) : ②$$

7.2 PQM導入におけるKPI・KGIの設定

表7.2 KGIと目標設定

KGI	内容	式	当社における目標値
①開発不良コスト	手戻り費用と手戻り人件費の削減	Σ(手戻り人件費＋作り直し費用)	目標：50%削減
②開発費	人件費と材料費、開発不良コストの削減	Σ(人件費＋材料費)＋開発不良コスト	目標：50%削減
③年間残業代	年間残業代の削減	Σ(残業代)	目標：60%削減

PQMの成果によって
➤ 設計生産性向上
➤ 設計品質向上

◆ 開発人件費が削減
◆ 手戻りコストが削減

開発不良コスト ＝ Σ(開発人件費＋手戻りコスト)

図7.3 開発不良コストの削減

(3) 年間残業代

PQMでは、前述人件費の中に入る費目であるが、年間残業費もKGIとして集計を行うものとする。費用削減の面もあるが、「ダイバーシティー」、「働き方改革」の側面から、「所定労働時間外の拘束をいかに減らしていくか」という経営上の課題に直結する指標であるため、特に重要視して指標化することとする。以下に残業費の定義式を記載する。

年間残業費 = Σ(残業費)：③

> **ポイント**
> - プロジェクトKPIとして、①設計生産性、②平均手戻り工数、③手戻り率、④市場品質を設定する。
> - 設計KPIとして、①メカ・エレキ設計不良率、②ソフトウェア欠陥密度、

第 7 章 PQM 導入による効果とその検証

を設定する。
- KGI として、①開発不良コスト、②開発費、③年間残業費を指標として設定する。

7.3 リコーテクノロジーズにおける PQM 導入前の状況

当社(リコーテクノロジーズ)設立直後に第二設計本部として直面した、市場品質問題の多発による設計生産性低下の状況を図 7.4 に示す。これは主に、設立前に行った 2 つの本体主力プラットフォームの新規同時開発における作り込み不足に起因するものであった。

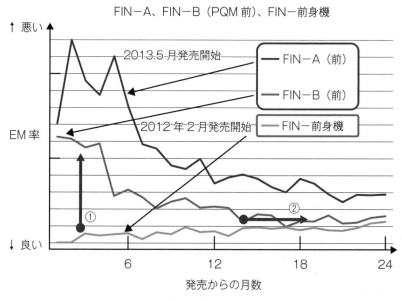

図 7.4　PQM 実施前と前身機の市場稼働品質比較

7.3　リコーテクノロジーズにおける PQM 導入前の状況

　フィニッシャー A 機(FIN-A)、フィニッシャー B 機(FIN-B)は 2013 年 5 月、すなわち PQM 実施前の会社設立 2 カ月後に発売された新規本体プラットフォームに対応して開発された、2 機種のフィニッシャーである。図 7.4 は、この 2 機種とその前身機のフィニッシャー(FIN-前身)の発売日からの経過月数に対する EM 率の推移を表している。

　FIN-A、B ともに発売直後に市場での稼働不具合が大きく上昇していることが、図中①の矢印からわかる。また、図中②に見られるように、ほぼ EM 率が安定的(水平)になるまでに 1 年余りを要していることがわかる(前身機に直接対応する機種は FIN-A 機、FIN-B 機は前身機に比べ 1 クラス上の機械で処理枚数が多いため、安定する EM 率も高めになっている)。

　一方、**図 7.5** は、前述した FIN-A、B の月次工数の推移である。発売後の市場要求への対応などのためにあらかじめ設定した主体工数に加え、多くの手戻り工数が発生している様子がわかる。

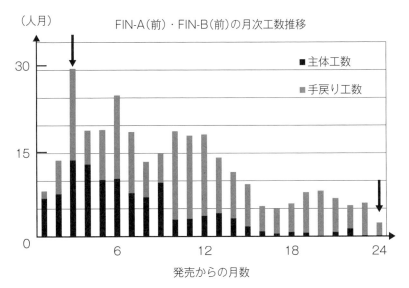

図 7.5　FIN-A/B 機の発売後月次工数推移

第 7 章　PQM 導入による効果とその検証

主体工数が減少する発売後約 10 カ月後からは、次期機種に向けたプロジェクトが開始しているが、この時期においても手戻り工数に人員リソースを費やしていることが見てとれる。このように、前身機の品質問題対策に要する工数増は、次の機種の品質のつくり込みにも悪影響を与えるという悪循環が発生する。これが PQM による開発工数削減と品質向上が必要となった理由である。

> **ポイント**
> - 開発プロセス改革前の当社設立時に大きな市場品質問題を発生させた。市場投入直後から不具合指標が急上昇し、収束安定化に 1 年余りを要した。

7.4　リコーテクノロジーズにおける PQM 導入の効果とその検証

7.4.1　設計 KPI の改善効果

図 7.6 に、普及層の後処理周辺装置と中速層の後処理周辺装置における、メカ・エレキ領域およびソフト設計の PQM 実施前後での設計 KPI の改善状況を示している。PQM の実施前後にて、メカ・エレキに関する設計不良率が 74〜75％、ソフトウェアに関する欠陥密度が 65〜75％ と大幅に改善していることがわかる。

設計不良率の改善は、主に品質マネジメントプロセスの実践によるものである。きめ細かな DR の実施により短期的な PDCA サイクルを回し、品質機能完成度表を用いた外乱に強いつくり込みを行った結果である。

また、ソフトウェア欠陥密度の改善は、プロダクトライン開発の実践により、ソフトウェアのコア部分を固定化し、繰り返し用いることで洗練度を高めていった結果である。

7.4　リコーテクノロジーズにおける PQM 導入の効果とその検証

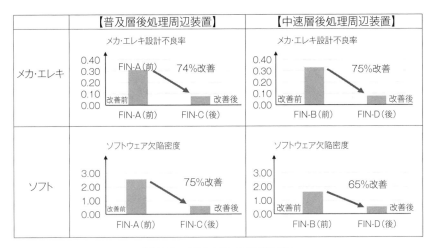

図 7.6　設計 KPI の改善状況

　設計 KPI の改善が明確に表れているため、その上位に当たる各プロジェクト KPI も明確な改善が見込める結果となっている。

> **ポイント**
> 設計 KPI に関して、
> ・メカ・エレキ設計不良率が 74〜75%
> ・ソフトウェア設計不良率が 65〜75%
> と大幅に改善している。

7.4.2　プロジェクト KPI の改善効果

(1)　設計生産性の改善

　図 7.7 に設計生産性の改善状況を示す。当初、2014 年度の運用開始から 3 年間で 50% の向上を目標設定した。このため、2016 年度終了時の 2 年間の目標である 33% に対して実績は 35% 以上となっており、目標を達成して進捗し

第7章 PQM 導入による効果とその検証

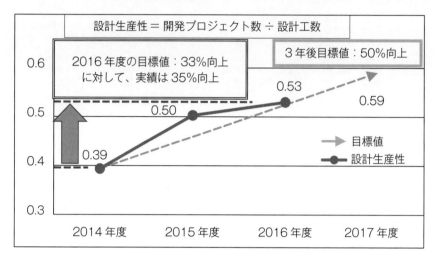

図7.7　設計生産性の改善状況

ている。

　これは、以下に述べる平均手戻り工数、手戻り率が向上したことによるものであり、その大きな要因は設計 KPI の大幅な向上によるものである。設計のつくり込みレベルが向上し、手戻りが減り、それによって設計投入工数を減らすことができ、より多くの商品を開発できるようになったばかりでなく、より高付加価値の商品の開発に着手できるようになったためである。

(2) 平均手戻り工数の改善

　図 7.8 に平均手戻り工数の改善状況を示す。当初、2014 年度の運用開始から 3 年間で 50% の向上を目標設定した。このため、2016 年度終了時の 2 年間の目標である 33% に対して実績は 38% となっており、目標を達成して進捗している。

　これは、設計生産性の向上として開発プロジェクト数が増加しているにも関わらず、設計 KPI の大幅改善に伴う手戻り工数の減少によるものである。

7.4 リコーテクノロジーズにおける PQM 導入の効果とその検証

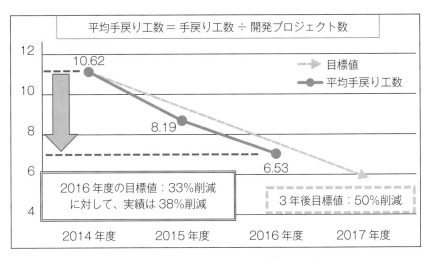

図 7.8 平均手戻り工数の改善状況例

(3) 手戻り率の改善

図 7.9 に手戻り率の改善状況を示す。手戻り率は分子が手戻り工数、分母が全設計工数となっている。このため、改善の効果は分子、分母ともに減少方向に現れる。分子の手戻りの減少分が全体設計工数の減少を上回るとき手戻り率は減少する。このため、目標値は 3 年間で 25% 削減に留めている。今回、2016 年度終了時の 2 年間の目標である 16% に対して実績は 17% となっており、目標を達成して進捗している。

(4) 市場稼働品質(EM 率)の改善

図 7.10 に市場稼働品質の改善状況を示す。当初、2014 年度の運用開始から 3 年間で 67% の向上を目標設定した。このため、FIN-A の 2016 年度終了時の 2 年間の目標である 45% に対して実績は 53%、FIN-B の 2016 年度終了時の 2 年間の目標である 47% に対して実績は 60% となっており、それぞれ目標を達成して進捗している。

これは、設計生産性の向上として開発プロジェクト数が増加しているにも関

第 7 章　PQM 導入による効果とその検証

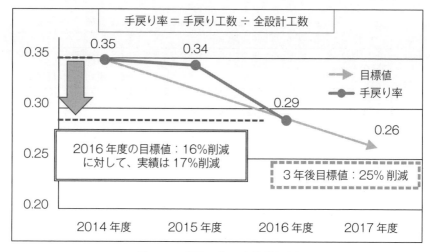

図 7.9　手戻り率の改善状況例

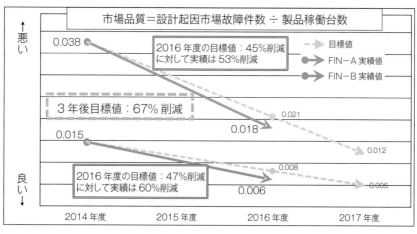

図 7.10　市場稼働品質（EM 率）の改善

7.4 リコーテクノロジーズにおけるPQM導入の効果とその検証

わらず、設計KPIの大幅改善に伴う手戻り工数の減少によるものである。

市場品質は設計KPIと密接に関連しており、量産後設計変更が少ないのは市場での不具合発生が少ないことを示している。

> **ポイント**
> ・プロジェクトKPIに関して、①設計生産性、②平均手戻り工数、③手戻り率、④市場品質ともに、目標値を上回る実績値で推移している。

7.4.3 KGIの改善効果

(1) 開発不良コストの改善

図7.11にPQM実施による開発不良コストの改善状況を示す。当初の3年間で50%削減の目標を2年で55%と前倒しで達成することができた。

これらは、PQMによる設計生産性向上として投入工数減分の人件費の削減や、手戻り減に伴うコストの削減によるものである。

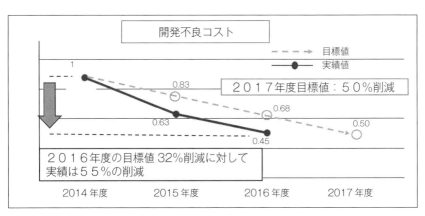

図7.11 開発不良コストの改善

第 7 章　PQM 導入による効果とその検証

（2）　開発費の改善

図 7.12 に PQM 実施による開発費の改善状況を示す。当初の 3 年間で 50% 削減、2 年間で 32% 減の目標を 2 年で 31% 削減とほぼ達成することができた。

これらは、PQM による設計生産性向上として投入工数減分の人件費の削減や、手戻り低減に伴う材料費の削減によるものである。

（3）　残業費の改善

図 7.13 に PQM 実施による残業費の改善状況を示す。当初の 3 年間で 60% 削減、2 年間で 40% 減の目標を 2 年で 32% と、おおむね達成することができた。

これらは、手戻りなどの予定外工数の発生が大幅に抑えられたことに加え、タスク管理を通じ、自らの仕事の計画を設定し効率的に時間を使う意識が高まってきたためであると思われる。

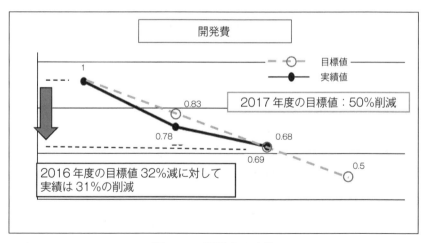

図 7.12　開発費の改善

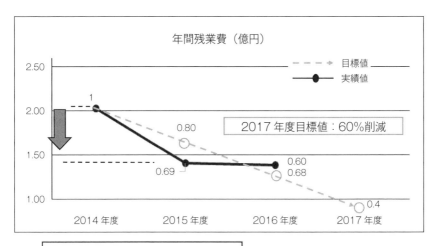

図 7.13　残業費の改善

> **ポイント**
> - 開発不良コスト・開発費の改善に関して、人件費の削減やコストの削減により、前倒しもしくは目標値どおりに達成することができている。
> - 年間残業費に関して、手戻りなどの予定外工数の発生が大幅に抑えられ、目標値どおりに推移している。

7.5　改善効果のまとめ

　以上を踏まえ、PQM 導入でねらう効果の全体構造を図 7.14 に示す。本書に記載した PQM の手順に沿って、各種指標をモニタリングしながら開発プロセス改革を実践することで、最終的な業績貢献につなげることができる。

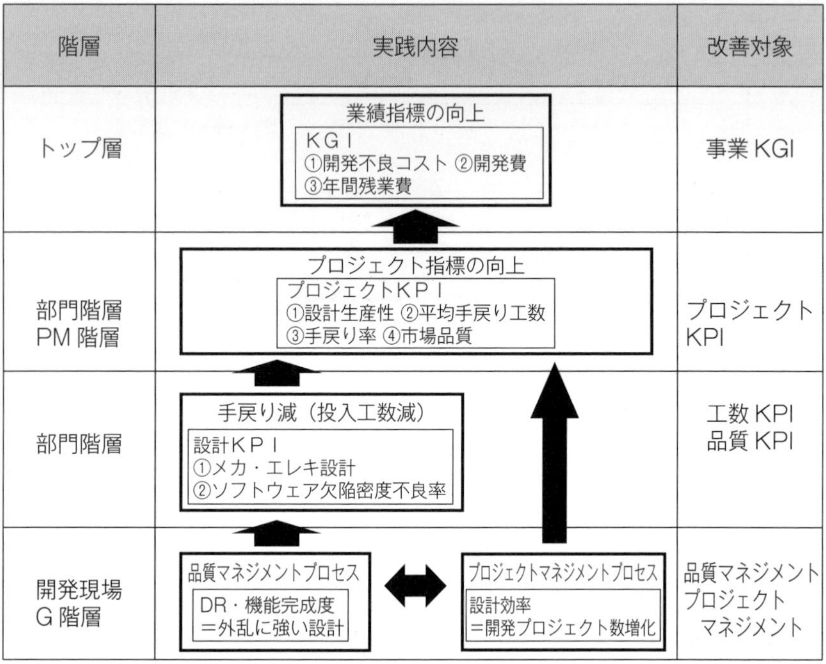

第7章 PQM 導入による効果とその検証

階層	実践内容	改善対象
トップ層	業績指標の向上 KGI ①開発不良コスト ②開発費 ③年間残業費	事業 KGI
部門階層 PM 階層	プロジェクト指標の向上 プロジェクト KPI ①設計生産性 ②平均手戻り工数 ③手戻り率 ④市場品質	プロジェクト KPI
部門階層	手戻り減(投入工数減) 設計 KPI ①メカ・エレキ設計 ②ソフトウェア欠陥密度不良率	工数 KPI 品質 KPI
開発現場 G 階層	品質マネジメントプロセス DR・機能完成度 =外乱に強い設計　⇔　プロジェクトマネジメントプロセス 設計効率 =開発プロジェクト数増化	品質マネジメント プロジェクト マネジメント

図 7.14　PQM 導入でねらう効果の全体構造

> **ポイント**
> ・本書に記載した PQM の手順に沿った開発プロセス改革を、最終的な業績貢献につながる各種指標をモニタリングしながら実施していく。

第8章

PQMによる組織開発と人材育成

　本章では、PQMの実践において実施した、組織開発と人材育成に関する基本的な考え方と実施手順についての解説を行う。

第8章　PQMによる組織開発と人材育成

　ここまで、「生産性革命のためのプロジェクト型品質マネジメント手法PQM」の、内容・めざす姿（第2章・第3章）、実施手順（第4章・第5章）、実践事例（第6章）、PQM導入の効果とその検証（第7章）について解説してきた。

　しかしながら、PQMの効果はKPIやKGIなどの数値に表れる定量的な効果だけに留まるものではないし、そうあってはならない。すなわち、第2章で述べたように、PQMのめざす姿は、「優れた体験価値を提供できる"お客様ファーストの商品"を含む多数の商品群を、重層的かつタイムリーに企画し、市場に確実に提供すること」であり、そのためには「各メンバーがプロジェクトの流れを理解し、自らの役割に応じた機動力を発揮する組織開発」と「人材育成」が必要である。

8.1　PQMによる組織開発

　組織開発とは、より「人」の側面に着目した組織改革のことである。PQMによる組織改革の実践に関して、第3章で述べたバーナードの組織の3要素である「共通目的」、「貢献意欲」、「コミュニケーション」の側面から解説する。

8.1.1　PQMにおける「共通目的」の実践

　当社は前述したように、2013年に㈱リコーの一部部門と3つの生産子会社の設計部門が統合してできた会社であり、必然的に各社ばらばらであった組織目標の統一が必要であった。また、新会社発足と同時に表面化した市場品質問題の多発により、早急に「組織改革を組織目標化すること」が必要な状況でもあった。

　PQMにおいて「組織改革」を共通目的として組織全員に浸透させることは、以下の①〜④の手順で行われた。

① 改革の必要性の自覚
② トップのリーダーシップと継続的改善

③　目標の設定
④　方針展開と繰返しの働きかけ

最初からすべての項目が予定調和的に設定された訳ではないが、今後同様の組織開発を行う場合に参考になるよう、各手順を解説する。

(1) 改革の必要性の自覚

組織改革の実施に当たっては、トップからの必要性の働きかけが必須である。しかしながら、現場はたいてい現状に忙殺されている。だからこそ改革が必要であるのだが、現場レベルでの改革の必要性の自覚が不十分であると、「余計な仕事がまた増えた」というモチベーション低下要因となるリスクがある。

当社においても、前述のように改革の必要性については議論の余地のない状態であったが、浸透と実践に際してはきめ細かい働きかけを行った。

一例としては、市場品質問題対策に対してはすべてトップが介在し、その中でしくみ改革の必要性を指摘し続け、具体的な改善の実行につなげた。例えば、異なるチームが同時期に開発した2つのフィニッシャー(後処理装置)の不具合分析を行っていくと、明確な理由がないにもかかわらず、「類似機能に対するソフトウェアの構造が異なるつくりになっている」ことが判明した。そこで対応として、その2機種と相応する過去機種の「仕様横並べ一覧表」、「機能横並べ一覧表」を作成した。その結果として対策を、顕在化している現象へ対策を打つのではなく、ソフトウェア構造の統一化したうえで2機種同時に行うこととした。一時的な現場の負荷は大きくはなったが、その後の当該2機種の不具合は激減することとなった。

このような意識改革を徹底して実践することで、表面的な対策でなく大元からの改革を行うことの重要性を自覚するよう促すことが必要である。

(2) トップのリーダーシップと継続的改善

日本品質奨励賞　品質革新賞の受賞要件のひとつが、「トップのリーダーシップをより強固なものにし、効果的・効率的な組織運営を可能にする仕組み・

第 8 章　PQM による組織開発と人材育成

手法・思想の創造」であるように、トップ自らがリーダーシップを発揮するとともに継続的な改善のしくみをつくり、牽引し続ける必要がある。

PQM では、謝辞に記載したように、2013 年より長田洋東京工業大学名誉教授・文教大学教授による MOT 指導会を、継続的な改善のしくみとして取り入れ、実施してきた。指導会実施のお願いに際して、長田名誉教授からは、「TQM の指導方法はコンサルティング会社のコンサルティングとは異なり、自らが考え・手を動かし、漢方薬のように時間をかけて体質改善していくものです。それができるのであれば指導します」といわれ、そしてその問いかけに対し、当社は当然のこととして了解し、トップを議長とする全体活動として PQM を実施してきている。

コンサルティング会社の中には、集中的な内部調査を行い自社の改善メニューに当てはめた「改革実践の解答」を提供する会社も多いが、失敗事例も多い。組織開発を行うには、個々の組織の風土を踏まえ、自ら改革ストーリーを描き実践することで、「人」が変わることが必要である。そのためには時間が必要であり、トップが先頭に立ち、根気良く実践の働きかけを行わなければならない。

(3)　目標の設定

どのような改革も、実践に当たっては目標数値を設定し、PDCA を回しながら期間内の達成をめざさなければならない。本書においても、第 3 章の フェーズ 1 ：フレームワークの構築の「手順 2：組織目標の設定」で定性目標の設定に関して、第 7 章の「7.2　PQM 導入における KPI・KGI の設定」で定量目標の設定に関して解説している。

(4)　方針展開と繰返しの働きかけ

組織は設定した目標の実現に向けてベクトルを合わせて行動していかなければならない。TQM において、そのためのしくみは「方針展開」である。本部が設定したありたい姿の実現のための定性目標と定量目標を実現するために、

室、グループと方針目標が展開・具体化されていくことで、組織目標の実現ベクトルが整合される。そして、各末端組織が、設定された具体的な課題を実行することで、本部全体の目標が実現する流れが生まれる。

各組織のリーダーは、自らの方針を繰り返し組織に対して働きかけることが求められる。最終的に、組織の目標が各自の目標として統合され、人事評価（目標管理制度など）と整合的に実施されるようになることで、個人のモチベーション向上につながる。

> **ポイント**
> - PQMにおける「共通目的」の実践においては、
>   ① 改革の必要性の自覚
>   ② トップのリーダーシップと継続的改善
>   ③ 目標の設定
>   ④ 方針展開と繰り返しの働きかけ
> が必要である。

8.1.2　PQMにおける「貢献意欲」の実践

PQMは、生産性改革を実現するために、「助け合い」を引き出すしくみでもある。個々のプロジェクトメンバーがPQMを学び、プロジェクトの「良い流れ」を理解することで、「プロジェクト全体を俯瞰する目」を養い、行動に反映することができるようになる。

具体的には、第5章の フェーズ4 ：設計ステップの「手順1：日程進捗計画の管理」で記載したように、従来のプロジェクトの実施においては、関連部門間の整合が不十分なためにさまざまな日程遅れが発生していた。PQMにおいては、各設計者が作成したタスク管理表を統合した、プロジェクト全体のタスク管理表を作成し、その中でタスクごとのIN/OUTの関係性を明確にする。こうすることで、メンバーは常に自らの設計の進捗が、どの部署のどのタスク

第8章 PQMによる組織開発と人材育成

に影響を与えるかを理解して考えられるようになる。

プロジェクトにおいては、さまざまな遅れ要因が発生する一方で、当初の計画に対してさまざまな前倒しでの実施や、計画変更による余力要因が発生する。プロジェクトメンバーがプロジェクト全体を俯瞰する目をもち、部門を超えたタスクのIN/OUTの関係を理解していれば、遅れ要因のリカバリーを実施することが可能になる。

具体的には、ある給紙装置のメカ機能部署の「紙送り機能評価」の遅れが予見され、プロジェクト内で報告された。ソフト部署は、その評価結果を受けてソフトウェアのリリース確認処理を行う計画であったため、スタートが切れず手持ちになることを理解していった。そのため、ソフト機能部署は自部署内で調整を行い、日程に影響のない作業との組み換えを行い、手待ちをなくした。一方、メカ機能部署の紙送り機能評価の遅れが本体の日程上に影響がないよう、PMは本体日程上での給紙以外の評価の先行実施を調整した。このように、PQMの実施により、プロジェクトの構成メンバーは、部門を超えた検討が臨機応変にできるようになってきた。

上記のような細かいチューニングを上位組織全体で把握して統制することは困難である。現場での小さな「助け合い」の積み重ねが大きな日程遅れの回避や日程短縮の源泉となるのである。

> **ポイント**
> - PQMにおける「貢献意欲」の実践においては、組織メンバーが「プロジェクトの良い流れ」を理解し、現場での小さな「助け合い」の積み重ねにつなげることが重要である。

8.1.3 PQMにおける「コミュニケーション」の実践

PQMにおいては、さまざまなコミュニケーション促進のツールやしくみを導入している。具体例として、

8.1 PQMによる組織開発

① 遠隔会議ツール
② デスクサイド・ミーティング

について説明する。

(1) 遠隔会議ツール

前述したように、当社の母体となる生産子会社は、宮城県や岐阜県の工場に事業所を置いていたため、従業員の多くもその地域に長年の生活の基盤やコミュニティーを置いている。働き方改革や地方創生が叫ばれる中、地域の生活を維持しながら、仕事の生産性を向上させていくには、遠隔地とのコミュニケーションロスを補うIT機器の利活用が必須である。

当社においては、インターネットを介して同時多拠点で会議が実施可能な、リコーテレビ会議・Web会議システム(RICOH Unified Communication System)、および同様にインターネットを介してデータや画像の共有や書込みができる電子黒板システム(RICOH Interactive Whiteboard System)などの遠隔地のコミュニケーションを確保する自社商品を全拠点、および㈱リコーの関連海外工場に有している(**図8.1**)。

これらのシステムを活用することにより、多拠点の距離を感じることなしにさまざまな会議や打合せにおけるコミュニケーションを向上させることが可能となっている。PQMにおいても、これらのツールをフル活用し、プロジェクトの品質向上につなげている。

(2) デスクサイド・ミーティング

PQMにおいては、第6章6.4.3項の「手順1:日程進捗計画の管理の実践」に示したように、さまざまな週次の会議体で情報をエスカレーションし、テレビ・Web会議システムで共有するしくみを整えている。

一方、開発設計担当者同士の会議については、会議室は用いずデスクサイドでの移動式のホワイトボードを使った打合せや、壁に貼り付けたタスク表を用いての"デスクサイド・ミーティング"のを実践を奨励している(**図8.2**)。定例

第8章　PQMによる組織開発と人材育成

図8.1　IT機器の活用によるコミュニケーションの向上

図8.2　デスクサイド・ミーティングの実践

会議の15時以降の設定禁止や定時外の上司招集の会議の禁止をルール化するなど、極力会議の定例化を廃し、会議・打合せの密度向上を図っている。

> **ポイント**
> - PQMにおける「コミュニケーション」の実践においては、
>   ① 遠隔会議ツール
>   ② デスクサイド・ミーティング
> の活用を行っている。

8.2 PQMによる人材育成

PQMによる人材育成開発の基本的な思想は、
① 自ら決めて自ら守る「自己決定力」を促す
② 自らが変わる「自変」を促す
③ 「マネジメントの変化」を促す
であり、すべての階層のメンバーの能力開発につながるしくみとなることをねらいとしている。

(1) 自ら決めて自ら守る「自己決定力」を促す

右肩上がりの成長から成熟社会に移行し、経済成長の実感が見えない中、多くの会社で問題視されているのが、「やらされ感の蔓延」による「モチベーションの低下」といわれている。当社は前述したように、2013年に㈱リコーの一部部門と3つの生産子会社の設計部門が統合してできた新設子会社である。子会社における組織メンバーのモチベーション低下の要因のひとつに、「親会社の過干渉や偏見」がある。特に、権限委譲を十分に行わず、「箸の上げ下ろし」まで干渉するような子会社管理が行われると、モチベーションの低下が蔓延するようになる。

第8章　PQM による組織開発と人材育成

　PQM では、基本的に担当者自らの自己決定力を信用し、担当者自らがつくったタスク計画に基づく全体統制を行う。その結果、担当者は自らつくった計画を守ろうとする意欲が湧き、状況の変化や見込み違いに対してさまざまな工夫を凝らすようになる。

(2)　自らが変わる「自変」を促す

　長田名誉教授が漢方薬に例えたように、PQM は「人を変える」ことよりも、「人が変わる（自変する）」ことに重点を置いている。このため、プロセス改革としての時間管理では、いかに短縮して実施するかを管理ポイントとしているが、人材育成については時間をかけて実施している。

　具体的な例としては、4年をかけて実施している「MOT 指導会」を「実践道場」と位置づけ、室長、グループリーダークラスに対して本部レベルのマネジメント課題を割り付け、実践と指導の PDCA を繰り返し回している。

(3)　「マネジメントの変化」を促す

　これは PQM のねらいというより、結果としてトップのマネジメントにおいて筆者が促された変化である。

　プロジェクトの進捗を管理するとき、特に日程遅れが生じたときにはどうしても、「何が悪かったのか」と犯人探しとその追求を行う議論に流れがちである。当社において「ダメ出しのマネジメント」と呼ぶものであり、頻繁に行うと PM や担当メンバーのモチベーションが著しく下がっていく。

　当社の設立当初、市場品質問題が多発する中で、筆者自身も「ダメ出しのマネジメント」に流れていた。しかしながらモグラたたきをいくら行っても組織改革にはつながらないと自覚するようになり、ここまでで述べたように「自己決定力」と「自変」を促すマネジメントへ方向転換を行った。

　例えば、第6章の図6.32 に示したように、本部会議における「キータスク」の進捗に際しては、結論を記載させるのではなく、PM と専門組織の意見はそのまま記載をしてもらい、本部会議の中で討議することとした。当初は各

8.2 PQMによる人材育成

組織の立場の意見や他部署への(相反する)要求を記載するのみであった。本部マネジメントは「ダメな理由を探す」姿勢でなく、「どんな助けをしたら良いか」の提起を促し、議論する場にするよう心がけ、実施した。するとその後、時間が経過するにつれ、双方が対立する記載は影を潜めるようになった。その代わりに、(あらかじめ調整を行い合意した)同一の結論に対して、双方の立ち位置からの対処方法が記載されるようになったのである。

このように、マネジメントのスタイルはリーダーの資質や環境によってさまざまであるが、部下の「自変」を基準に自らのマネジメントの見直しを行い、自らもまた変化していくようPDCAを回していくことが求められる。

「艦長は血が出るまで唇を噛む」という米国海軍の諺がある。艦長が手取り足取り教えてしまっては部下の成長を奪ってしまう、という戒めである。PQMによる人材開発育成は、この考え方を基本とするものでありたい、と筆者は常に考えている。

> **ポイント**
> - PQMによる人材開発の基本的な思想は、
>   ① 自ら決めて自ら守る「自己決定力」を促す
>   ② 自らが変わる「自変」を促す
>   ③ 「マネジメントの変化」を促す
>   ものである。

付　録

　付録として、企画－開発－設計プロセスでのTQM活動と用いられる手法の一覧、および関連用語解説を添付する。

付　録

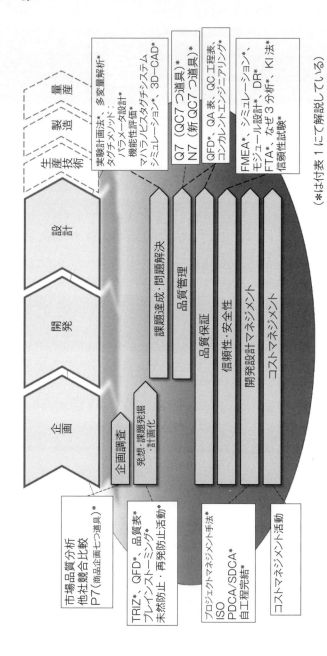

付図1　企画―開発―設計プロセスでのTQM活動と用いられる手法の一覧

(*は付表1にて解説している)

付　録

付表 1　関連用語の解説

しくみ	DR	構想・計画・レイアウト・実装、完成度の各評価段階で実施する。関連部署から招集した有識者による設計審査。企画との合致、要求仕様との合致・不具合の発生、主な視点は、性能・信頼性・安全性などがある。
	コンカレントエンジニアリング	初期段階から生産準備スタッフに設計部門と協調して、設計生産準備進行を同時並行に実施するしくみ。生産視点での組立加工性エンジニアなどを早期に行うことにより、生産面から見た不具合を設計上流で修正することができ、仕事の後戻りを防ぐことができる。
	信頼性試験	開発設計の各段階で、製品の要求される機能、性能、耐環境性、信頼性、安全性を確認する試験。
	未然防止・再発防止	未然防止活動は、起こりうる、起こると予想される不具合などを計画段階で想定し、それが起こらないように計画を正したり対策を講じておく活動。未然防止活動の代表的な手法として、FMEAがある。再発防止活動は、何かの不具合があり、それを解消したときに、同様の原因で同じ悪さ・不具合が起こらないように処置をする活動。再発防止活動としては、不具合事例分析の蓄積、設計ガイド化、標準化などがある。
	PDCA/SDCA	PDCAは、P(計画)-D(実行)-C(確認)-A(処置)のサイクルを回して、仕事のやり方をスパイラルアップでよくしていく活動で、方針管理に適用される。SDCAは、PDCAでよくした仕事のやり方を標準化し、S(標準化)-D(実行)-C(確認)-A(処置)を回して設計で仕事を維持していく活動が日常管理に適用される。
手法	QFD（品質機能展開）	製品に対する品質目標を実現するために、様々な変換および展開を用いているツール。この方法論を用いて、機能を上位から下位へ展開した展開表と、製品の品質特性を一元表で関連づけて、例えば製品への要求品質特性への変換を行うことにより、要求機能実現のために設計で達成するべき品質目標を明確にして整理することができる。
	FMEA	製品の構成要素の故障モードなど、その故障モードが起こったとき製品全体に及ぼす影響を解析することで、製品のもつ潜在的な問題の重要さを予測する手法。設計段階で実施する未然防止の有効な手法で、知恵、知識を集めて故障モードを見つけ出し、及ぼす影響が大きければ、より安全な設計対策を講じておくことなどで問題発生を防止する。
	FTA	製品の好ましくない事象をとりあげ、その事象発生の考えられる原因を上位から下位へと枝分かれしたツリー図で表していく分析法。
	TRIZ	技術の歴史から、多分野に共通する考え方・法則性を抽出した知識ベースがあり、課題達成・問題解決への実践的なアイデアを得るために応用する手法。
	ブレーンストーミング	よいアイデアを生み出す会議方法の一つで、集団でアイデアを出し合い発想発表を行う手法。本手法で十分に意見を発散させて出し切り、次に整理・収束を行うことで、アイデア群が得られる。効果を上げるため、ファシリテーションも重要である。
	モジュール設計	製品を機能ごとに分割したそれぞれのモジュールの内部構造を設計する手法。モジュールの使える範囲を明確にして設計する必要がある。製品設計効率化には有効である。機能モジュ

163

付　録

付表 1　関連用語の説明（つづき）

	用語	説明
手法（つづき）	タグチメソッド（パラメータ設計）	直交表を利用して多くのパラメータの組合せ実験で S/N 比の評価により、市場で様々な使われ方（誤差因子）に強い設計条件を見出す手法。機能特性として何を評価すれば抜け漏れなく振動な評価に S/N 比の評価ポイントになる。
	タグチメソッド（機能性評価）	直交表を利用して誤差因子を抜け漏れなく振動な評価実験で S/N 比の評価により、製品の弱さを見出す手法。機能特性として何を評価すれば適切に決めることがポイントになる。
	実験計画法	効率よい実験方法を統計的に設計して行い、結果解析する手法。
	多変量解析	ある現象を分析するのに多数の数値（多変量）を一度に解析する必要が生じた場合、単純な方法では扱えないため、多変量のデータを統計的に扱う手法。主成分分析、因子分析、クラスター分析などがある。
	なぜ 3 分析	問題に対して「なぜ」を繰り返してその原因にさかのぼっていく問題解決手法。「なぜ」、どんなメカニズムで起こっているのか」という設問を繰り返して分析を進める。
	KJ 法	時間・空間・プロセスのある点で起こった不具合を、時間的・空間的・プロセスの前後へとさかのぼって追跡し、真の原因がどこにあるかについた問題解決手法。
	品質表	品質特性と、特性に影響を及ぼす要因を明示した二元表。狭い意味で QFD といっている。設計区では機能・品質、生産区では品質・部品特性・4M 展開など、開発上流から生産までの上流のいろいろな要因を関連づけ整理できる。サイズが大きくなってしまうことが多く活用には活用には分割をモジュール分割を適切に行う必要がある。
	3D-CAD	CAD 上で 3D モデルを使ったバーチャル試作は品質早期安定に有効である。バーチャル施策実施にあたっては、3D モデル確定させて実施する問題解決手法。
ツール	シミュレーション	コンピュータ上に仮想モデルで動作・機能を明らかに確認することで、実機をつくらずに設計検証する有効な手法。RT では搬送・衝撃・熱・気流・流動などに用いられている。
	P7	商品企画七つ道具。インタビュー調査、アンケート調査、ポジショニング分析、アイデア発想法、アイデア選択法、コンジョイント分析、品質表七つ道具。調査・発想・コンセプト最適化のための道具。
	Q7	QC 七つ道具。パレート図、特性要因図、ヒストグラム、管理図・グラフ、チェックシート、散布図、層別の七つ道具。生している事実を可視化して捉えるための道具。
	N7	新 QC 七つ道具。親和図法、連関図法、系統図法、マトリックス図法、マトリックス・データ解析法、アローダイアグラム法、PDPC 法のことをいう。複雑な事象、モヤモヤした関心ごとを整理し、問題化する道具。
共通ベース	プロジェクトマネジメント手法	プロジェクトを立上・計画・実行・監視・終結の 5 プロセスに分け、各プロセスで体系化されたツールが推奨されているので、それらを使ってプロジェクトを進めることができる手法。
	自工程完結	自分の仕事の完了要件を設定し、正しい結果を出すプロセスで仕事をして、後工程に問題を流さないことで、仕事の後戻りをなくすようにする考え方。常にプロセスを改善していく視点が必要である。

おわりに

　本書の執筆・出版にあたっての「ペルソナ」(本書第5章参照：絞り込んだ最終読者ターゲット)を、開発・設計部門、およびプロジェクト推進部門の新任リーダー・管理職とした。

　これは、開発・設計や商品化推進という分野が、各社の競争力の源泉であり、多くの場合そのプロセスや現場の実態が対外的に開示されておらず、これらの部門のリーダーになる際に彼らが受ける戸惑いが非常に大きいことや、今日「生産性革命」、「働き方改革」が政府レベルでの重要課題となっており、従来の「力づくの開発」はもはやあってはならない状況にあること、そしてこのような中で、新任リーダーとして企業間競争における過去からの延長レベルにない優位性をいかに継続的に創出していくかを考えるときに、その手始めとして参考となるような書籍が求められているためである。

　本書の執筆においては、リコーテクノロジーズ株式会社におけるMFP周辺装置の短納期・多機種同時開発に関するプロセス改革の実践を、具体的な手順を踏まえて追体験できる構成を取ることとした。読者の属する業界や開発製品はそれぞれ異なり、開発プロセスも表面上はさまざまであるため、読者が直面する状況に応じて手順を取捨選択できるよう、各手順の項目を独立させ、ポイントを端的に理解できるような記述を心がけた。さらに、手法の内容の詳細については参考文献を明記しつつ、その手法を「有効に機能させるための、組織やプロジェクト運営のフレームワークの構築」について、重点的に解説を行った。

　「ペルソナ」手法で解説したように、絞り込んだターゲットに対する明確な内容は、そこにとどまらず有意なものとなる。すなわち、本書の底流を流れる「全員が開発の良い流れを意識すること」、「目標値の設定と見える化」、「自己決定力の向上を図る人材育成」は、すべてのプロセス改革・組織変革において共通な課題となる重要な考え方である。したがって、本書に記述した改革実践

おわりに

　の考え方は、「新任リーダー」のみならず「さまざまな階層のリーダー」、「企画・研究開発や生産分野のリーダー」、「プロセス改革の推進スタッフ」にとって、さらには「リーダー」のみならず「実践担当者」にとっても参考となるものと確信している。

　卓越した成果の実現が求められる中で、付け焼刃で手っ取り早い成果づくりに走ることなく、組織リーダーとして腰を据え、「組織づくり」や「人材育成」と並行しながら着実に構造改革を実践していくための一助として本書を活用いただけることを願っている。

　　　　　　　　　　　　　　　　　　　　　　　　　　　宗像　令夫

引用・参考文献

1) 長田洋編著、澤口学・福嶋洋次郎・三原祐治著：『革新的課題解決法』、日科技連出版社、2011 年
2) 長田洋編著、内田章・長島牧人著：『TQM 時代の戦略的方針管理』、日科技連出版社、1996 年
3) 佐々木眞一：『自工程完結―品質は工程で造りこむ』、日本規格協会、2014 年
4) 産業構造審議会新成長政策部会経営・知的資産小委員会：「中間報告書」、経済産業省、2005 年
5) 「知的資産経営の開示ガイドライン」、経済産業省、2005 年
6) エドワード.L.デシ著、安藤延男・石田梅男訳：『内発的動機づけ―実験社会心理学的アプローチ』、誠信書房、1980 年
7) アルフレッド D.チャンドラー,Jr.著、有賀裕子訳：『組織は戦略に従う』、ダイヤモンド社、2004 年
8) アクセンチュア：『CMMI　基本と実践―プロジェクトが変わるプロセス改善のすべて』、ソフトバンククリエイティブ、2007 年
9) 桑田耕太郎・田尾雅夫：『組織論』、有斐閣、2010 年
10) 神田範明編著：『ヒットを生む商品企画七つ道具　第 1～3 巻』、日科技連出版社、2000 年
11) 松本浩二監修、日科技連 R-Map 実践研究会編著：『R-Map とリスクアセスメント 手法編（上）・（下）』、日科技連出版社、2014 年
12) 能沢徹：『図解　国際標準プロジェクトマネジメント―PMBOK と EVMS』、日科技連出版社、1999 年
13) 吉村達彦：『トヨタ式未然防止手法 GD^3―いかに問題を未然に防ぐか』、日科技連出版社、2002 年
14) 長谷部光雄：『開発現場で役立つ品質工学の考え方―機能展開・データ解析・パラメータ設計のポイント』、日本規格協会、2010 年

索　引

【英数字】

Earned Value Management　70
EM　132
　　──率　132、134
EVM　70
FMEA　51
Key Goal Indicator　130
Key Performance Indicator　130
KGI　130
KPI　130
P7　40
Pf/Md 戦略　38
　　──ローリング　83
PIMBOK　11
PLE 開発・設計プロセス　115
PQM　17
　　──の全体像　21
Project Quality Management　17
QFD　48
TRIZ　45
WBS　65
Work Breakdown Structure　65

【あ行】

アーンドバリューマネジメント　70
アラート管理　126
お客様ファーストの商品開発　10

【か行】

開発ステップ　20
　　──ゲート　31
　　──のワークフロー　45、89
開発費　136
開発不良コスト　136
開発プロセス　6
開発レビュー　39
外部環境　2
各会議体と情報ルートの流れ　120
紙折り装置　81
企画ステップ　20
　　──ゲート　31
　　──のワークフロー　39、83
技術戦略　38
　　──ローリング　83
技術レビュー　39
機能系統図　48
機能別組織型プロジェクト　27
機能横並べ表　51
共通電子基板化開発・設計プロセス　112
グループ進捗会議　118
ゲートキーパー　36
工程 FMEA シート　54

【さ行】

事業性レビュー　63

索　引

自己決定力　157
市場品質　134
自変　157
周辺機 PMT 会議　119
周辺装置開発　14
重要業績評価指標　131
重要目標達成指標　131
商品企画七つ道具　40
商品性レビュー　46
商品戦略　38
　　――ローリング　83
仕様横並べ表　51
ステップゲート　35
設計 FMEA シート　54
設計 KPI　134
設計ステップ　20
　　――ゲート　31
　　――のワークフロー　63、89
設計生産性　133
絶対達成度　74
相対達成度　74

【た行】

タスク管理表の例　121
タスク計画表　64
タスクの構成　65
作らずに創る実現の5軸　55
出来高管理　70
手戻り　33
　　――率　134
電子回路基板組合せ型開発・設計プロセス　110
同時設計レビュー　63

【な行】

内部環境　3
日程インジケータ　75
日程遅れ　33
年間残業代　137

【は行】

バーンアップチャート　70
ビジネスレビュー　39、46
品質機能完成度表　58、103
品質機能展開　48
品質工学　58
品質マネジメントプロセス　17
ファシリテーション・ブレーンストーミング　45
フィニッシャー　81
部門進捗会議　119
フレームワークの構築　20
プロジェクト KPI　132
プロジェクト型商品開発　11
プロジェクトの PERT 図　67
プロジェクトの良い流れ　12
プロジェクトマネジメントプロセス　17
プロジェクトレビュー　46
平均手戻り工数　133
ペルソナ　41
ポートフォリオ分析　74
本部 PQM 会議　119

【ま行】

マトリクス組織型プロジェクト　28
マネジメントの変化　157

矛盾マトリクス　92

【ら行】
ローリング活動　81

ロバスト性　58

編著者、著者紹介

編著者

宗像　令夫(むなかた　れお)

㈱PQM総合研究所　代表取締役

前リコーテクノロジーズ㈱　第二設計本部長(取締役　常務執行役員)

著　者

リコーテクノロジーズ㈱　PQM推進チーム

　　小関　和宏(こせき　かずひろ)　リコーテクノロジーズ㈱　第二設計本部　副本部長(理事)
　　深野　博司(ふかの　ひろし)　リコーテクノロジーズ㈱　第二設計本部　副本部長
　　湊　正弘(みなと　まさひろ)　リコーテクノロジーズ㈱　技師長
　　石川　正洋(いしかわ　まさひろ)　リコーテクノロジーズ㈱　第二設計本部　第二PM室長
　　植野　裕二(うえの　ゆうじ)　リコーテクノロジーズ㈱　第二設計本部　第二設計室長
　　小数賀　靖夫(こすが　やすお)　リコーテクノロジーズ㈱　第二設計本部　第二PM副室長
　　杉山　吉秀(すぎやま　よしひで)　リコーテクノロジーズ㈱　第二設計本部　第二PM室

リコーテクノロジーズ㈱　PQM推進メンバーの皆様

生産性革命のためのプロジェクト型品質マネジメント手法 PQM
―お客様ファーストの新製品開発から商品化までのプロセス変革―

2018年3月20日　第1刷発行

編著者　　宗　像　令　夫
著　者　リコーテクノロジーズ㈱
　　　　PQM推進チーム

検印省略

発行人　　田　中　　健

発行所　株式会社　日科技連出版社
〒151-0051　東京都渋谷区千駄ヶ谷5-15-5
DSビル
電話　出　版　03-5379-1244
　　　営　業　03-5379-1238

Printed in Japan

印刷・製本　三秀舎

© Reo Munakata 2018
ISBN 978-4-8171-9639-2
URL　http://www.juse-p.co.jp/

本書の全部または一部を無断で複写複製（コピー）することは、著作権法上での例外を除き、禁じられています。